DON'T
HOPE FOR BETTER

JUST
BE BETTER

果敢的活法

〔美〕马克·曼森——— 著

刘文———译

MARK
MANSON

花山文艺出版社

河北·石家庄

果麦文化 出品

这本书绝不温柔，
却异常鼓舞人心。

——

《出版者周刊》

目录

第一部分
你觉得一切都被搞砸了吗？

准备好面对生活真相了吗？先说好，我绝不会粉饰太平。

第一章 怎样度过"糟糕"的人生

在欧洲中部单调乏味的乡村里，在昔日的军营仓库中，有庞大的邪恶势力在一小块土地上兴风作浪。这邪恶比世界上任何人所看到过的都更黑暗。在四年时间里，有超过一百三十万人在这里被系统地分类、奴役、折磨，甚至杀害，而这一切都发生在一片比曼哈顿中央公园略大的土地上。没有人做过一点儿事情来阻止这一切的发生。

除了他。

就像童话故事和漫画书里写的那样：一位英雄一头扎进了地狱烈火之中，和耀武扬威的邪恶势力正面交锋。从赔率来看，英雄取胜的可能性微乎其微。从理性来讲，英雄的行为是可笑的。然而，我们不走寻常路的英雄从不犹豫，从不退缩。他昂首挺胸，杀死恶龙，击败恶魔入侵者，拯救了这个星球，甚至可能还拯救了一两位公主。

这说明，至少在很短暂的一段时间里，希望曾经是存在的。

但这其实不是一个关于希望的故事，而是一个所有事都烂透了的故事。今天的我们，舒服地用着免费 Wi-Fi、裹着懒人毯的我们，很难想象当时事态糟糕到了什么程度。

在决定潜入奥斯威辛之前，维托尔德·皮莱茨基已经是一名老兵了。他住在波兰乡村，娶了一名教师并有了两个孩子。他喜欢骑马，喜欢戴花式帽子，喜欢抽雪茄，生活简单而美好。

然后希特勒来了。在波兰做好战斗准备前，纳粹已经在半个波兰进行了闪电战，在一个多月的时间内波兰就失去了全部的领土。这不是一场公平的战斗：当纳粹入侵波兰西部时，苏联进入了波兰东部——波兰被卡在了"岩石"和"高墙"之间。

皮莱茨基参加了战斗。失败后，他和其他波兰军官在华沙建立了一个地下抵抗组织，称自己为波兰秘密军。

1940 年春，波兰秘密军得到风声：德国人正在波兰南部几座死水般的小城镇外建造一座名为"奥斯威辛"的巨大监狱。到了那年夏天，成千上万的波兰军官和政要从该国西部消失，皮莱茨基和他的同僚们怀疑，奥斯威辛这座大型监狱很可能与这些失踪事件有关，那里可能已经关押了成千上万曾为波兰效力的士兵。

皮莱茨基就是在这时决定潜入奥斯威辛集中营的。起初，这是一项救援任务——他会让自己被捕，一旦到了奥斯威辛就与其他波兰士兵联合起来，组织逃出监狱。

这是一项自杀性质的任务，指挥官宁肯让皮莱茨基喝下一桶漂白剂也不会允许他潜入奥斯威辛。上司认为他疯了，也如此答复了他。

但随着时间的流逝，形势变得愈发严峻：成千上万的波兰精英正在消失，而奥斯威辛仍然是盟军情报网上的一个巨大盲点。盟军不知道那里发生了什么事，也几乎没办法了解。最终，皮莱茨基的指挥官让步了。一天晚上，在华沙的一个例行检查站，皮莱茨基因违反宵禁而被党卫军逮捕。很快，他就在前往奥斯威辛集中营的路上了——他是已知的唯一自愿进入纳粹集中营的人。

他一到那里，就发现奥斯威辛的真实状况远比想象中还要糟糕。在列队报数时，囚犯们会因为没有坐好或者站直这些微不足道的违纪行为被枪毙。体力劳动十分艰苦，而且没完没了，男人们经常劳累致死。尽管如此，到了1940年底，漫画书式的超级英雄皮莱茨基还是展开了行动。

哦，皮莱茨基，你是泰坦，你是英雄，你飞跃深渊。你到底是如何通过在洗衣篮里偷藏消息来建立情报网络的？你是如何像马盖先[a]一样，用备用零件和偷来的电池制造晶体管收音机的？你是如何成功地将袭击监狱的计划传送给位于华沙的波兰秘密军的？你是如何建立了运输团队，将食物、药品和衣服送到囚犯手上的？你又是如何拯救无数生命，并为人性最荒芜的沙漠带来希

---

a　马盖先是美剧《百战天龙》的主人公。他是一名密探，不喜欢枪械，身上带的武器只有一把瑞士军刀，经常利用普通的生活用品逃出险境。本书所有脚注均为译者注。

望的？这个世界到底做了什么才配得上拥有你？

两年的时间里，皮莱茨基在奥斯威辛建立起了一个完整的抵抗组织。这个组织中有指挥系统（设置了军衔和军官），有运输网络，有与外界沟通的方式，而党卫军对此毫无察觉。皮莱茨基的终极目标是在监狱内煽动全面反抗。他相信，在外界的帮助和协调下，他可以发动一场越狱，战胜人数不占优势的党卫军，让成千上万训练有素的波兰游击队员大显身手。他把计划和报告发给了华沙方面。月复一月，他等待着。月复一月，他活了下来。

但随后，犹太人被押送了过来，一开始是被汽车运过来，后来则成批地用火车车厢运来。数以万计的人就像死亡与绝望之海中的洋流一样席卷而来，他们被剥夺了所有家产和尊严，像机器一样被推进装修一新的"淋浴"营房中。在那里，他们被毒气毒死，尸体也被烧毁。

皮莱茨基传送给外界的情报令人难以置信：党卫军每天都在这里谋杀数以万计的人，其中绝大部分是犹太人，总的死亡人数可能达数百万。他恳求波兰秘密军立刻解放该集中营。他说，如果你们不能解放这里，至少炸掉它，看在上帝的分上，至少要摧毁毒气室——至少做到这一点。

波兰秘密军收到了他的消息，但认为他是在夸大其词。人们穷尽所有的想象力，也绝对想不到奥斯威辛竟然会如此糟糕。

皮莱茨基是第一个告诉世界这场大屠杀的人。他的情报经过波兰周边各个抵抗组织的转发，最终到达了位于英国的波兰流亡政府。他们将这份情报传递给了位于伦敦的盟军司令部，甚至传到了艾森豪威尔和丘吉尔手中。

但他们，也认为皮莱茨基一定是在夸大其词。

1943年，皮莱茨基意识到他的越狱计划永远都不会实现：波兰秘密军不会来，美国人和英国人不会来。皮莱茨基认为留在集中营的风险太大了，是时候逃跑了。

当然啦，他把一切都安排好了。首先，他假装生病，到集中营的医院接受治疗，并向医生谎报了应该返回的工作组，说自己在面包房上夜班。面包房在集中营边缘，靠近河道。当医生让他离开时，他就去了面包房，在那里"工作"到深夜两点，直到最后一批面包烤好。之后他切断电话线，悄悄撬开后门，趁党卫军不注意换上偷来的平民衣服，冒着被射中的危险冲向一英里[a]外的河边，然后看着星星辨别方向，回到文明世界中去。

今天，我们的世界中很多事情似乎都糟透了。虽然不是纳粹大屠杀级别的糟糕，但仍然非常糟糕。但皮莱茨基这样的故事激励着我们，给了我们希望。我们会说："好吧，那时候情况更糟，但这家伙克服了一切。可是看看我，我最近到底都做了些什么？"——在这个人们像土豆一样窝在沙发上看电视、社交网络大行其道、媒体不断刺激公众情绪的时代，我们或许确实应该这样扪心自问。当我们跳脱出来审视一切，就会意识到皮莱茨基这样的英雄拯救了世界，而我们却在小题大做，抱怨着空调温度不

---

a 1英里约为1.6093千米。

够低。

皮莱茨基的故事是我此生听说过的最为英雄主义的故事。英雄主义不仅仅是勇敢或者运筹帷幄，这些能力很常见，人们也常常以非英雄的方式使用这些能力。真的英雄能够在没有希望的地方召唤希望，能点燃火柴照亮虚空，能让人相信更美好的世界终将到来（不是一个我们期盼着的更美好的世界，而是一个我们都不知道其存在的更美好的世界），能设法让一切似乎都糟糕透顶的处境变好。

勇敢很常见，坚韧不屈很常见，但英雄主义中含有哲学成分。伟大的英雄会让人们问"为什么"——无论如何，那些令人景仰的事业和信仰不会动摇。今天的我们非常渴望一位英雄的出现，这不一定是因为情况很糟糕，而是因为我们已经失去了曾真切激励过上几代人的那个"为什么"。

我们需要希望。

尽管见证了多年的战争、折磨、死亡，甚至种族灭绝，皮莱茨基却从未失去希望。尽管他失去了祖国、家人、朋友，还差点失去了生命，但他从未失去希望——让孩子们过上平静幸福的生活的希望，以及挽救更多生命、帮助更多人的希望。

如果这都不是你听过的最有种的故事，那么，我倒想听听你的分享。

希望从哪里来？

如果我在星巴克工作，我不会在咖啡杯上写下客人的名字，我会写如下内容：

"有一天，你和每一个你爱的人都会死。你的重要性只在很短的一段时间里、在一小群人的范围里有效，其他情况下，你所说或所做的事情都不重要。这是生活中令人不适的真相，而你所说或所做的一切都是为了精心避免这个真相。我们是宇宙中无关紧要的尘埃，在一个微小的蓝色斑点上相互碰撞、摩擦。我们幻想着自己的重要性，创造了自己的目标——但其实，我们根本就什么都不是。享受这杯该死的咖啡吧。"

当然，我必须用非常小的字写这段话，而且要花点时间才能写完。这意味着在早高峰时段，队伍会一直排到门外。这种客户服务算不上一流，这可能也是我不适合被雇用的原因之一。

但说真的，当你知道人类的存在原本就是毫无意义的，而面前之人所有的想法和动机都是为了避免这种无意义感时，你怎么能摸着良心对他说"愿你度过美好的一天"？

在时间或空间的无限延展中，宇宙并不关心你母亲的髋关节置换手术是否顺利，你的孩子去没去上大学，或者老板觉得你做的电子表格厉不厉害。宇宙不关心森林是否遭遇火灾、冰川是否融化、海平面是否上升、空气是否污浊，或者我们是不是会被一个高等的外星种族蒸发。

但是你关心。

你关心，并且拼命地说服自己：因为你关心，所以这些事背后必须有宏大的宇宙意义。

你关心，是因为在内心深处，你需要感受到自己的重要性，以避免令人不适的真相，避免存在的不可知性，避免被自己的渺小压垮。而你——像我一样，像所有人一样——把想象出来的重要性投射到周围的世界，因为这样做给了你希望。

比如此刻你可能在想："好吧，我相信我们的存在都是有原因的，没有什么是意外的。每个人都很重要，因为我们的任何行为都会对某个人造成影响，即使我们只能帮到一个人，那也是值得的，对吧？"

朋友，你真是太可爱了！你看，这是你的希望在说话。你用思绪构建了一个故事，让你在早晨值得为之醒来。我们需要让一些事情看起来很重要，不然就没有理由继续生活下去。我们的思想总是追逐着某种形式的利己主义或者减少痛苦的良方，好让自己觉得值得为达到这种目标去做任何事。

我们的心灵需要靠希望生存下去，就像鱼需要水一样。希望是我们心理引擎的燃料，是面包上的黄油，像这样俗气的比喻还有许多。没有希望的话，你的整个精神机车将会动力不足。如果不相信未来会比现在更好，不相信生活会得到改善，那我们就会在精神上死亡。毕竟，如果事情没有变好的希望，人为什么要活着？为什么要做任何事？

很多人没有想到的是：快乐的反面不是愤怒或者悲伤。[1] 如果你感到愤怒或者悲伤，意味着你仍然在乎某些事，意味着仍然有对你来说重要的事，意味着你仍然拥有希望。[2]

快乐的反面是绝望，那是一望无际的灰色地带，充斥着逆来顺受和漠不关心的感觉。[3]你会认为一切都很糟糕。那时你会想，为什么要做任何事呢？

绝望是一种冷酷无情的虚无主义，因为觉得无关紧要，所以不痛不痒。绝望是焦虑、抑郁这些精神问题的根源，是所有痛苦的源头，是所有成瘾症的原因。这不是夸大其词。慢性焦虑是一场希望危机，是对未来潜在失败的恐惧；抑郁症是一场希望危机，是认为未来毫无意义。妄想、成瘾、痴迷……这些问题之所以会发生，都是因为人们那绝望的心强迫性地用神经质的行为来制造希望。[4]

避免绝望——即，构建希望——已经成为人们心灵的首要任务。所有的意义，人们对自身和世界的一切了解，都是围绕着保持希望而构建的。因此，希望是人类唯一心甘情愿为之赴死的理由。人们认为希望比自身更伟大。人们相信，没有希望的话，自己就什么都不是。

上大学时，我的祖父去世了。那之后的几年里，我强烈地感觉到自己必须以一种让他骄傲的方式活着。很多人可能觉得这种感觉是合情合理的，但其实它完全不合逻辑。我和祖父的关系并不亲密，我们从未通过电话，也从未通过信。在他人生的最后五年里，我甚至未和他见过面。

更不用说，现在他已经死了。我"活得让他骄傲"难道真会影响到什么吗？

事实是他的过世让我不得不重新面对令人不适的真相。所以，我的思想开始工作，试图从当下处境里找到希望作为支撑，让自己和虚无主义保持距离。我的思想决定，由于祖父现在被剥夺了希望和生活的能力，对我来说，为了表达对他的敬意，继承他的希望和心愿是非常重要的。这成了我心目中信仰的一小部分，成了我自己的小小目标。

在对自己的存在感到恐惧时，类似这样的"好事"支撑着我们。我走来走去，想象祖父正像一个多管闲事的鬼魂那样跟着我，不停地替我担心。祖父活着的时候，我对他几乎一无所知，而现在这个男人正在关心我微积分考得如何。这完全是非理性的！

每当面对逆境时，我们的心理都会为自己创造这种具备前后对比的故事。哪怕故事变得不合理或有破坏性，我们也必须时刻保存，因为它们是保护思想免受令人不适的真相影响的唯一稳定力量。

这些充满希望的小故事让我们的生活有了使命感。它们不仅仅暗示着未来会更好，还暗示着所有目标都是可以实现的。当人们喋喋不休地讨论要找到"生活目的"时，其实他们真正想说的是自己不再清楚什么才是重要的，什么才值得把自己在地球上有限的时间投入其中——简而言之，应该期望什么。[5] 他们正挣扎着想要知道生活中的前后对比应该是什么。

为自己找到生活的前后对比很困难，因为没有办法确定你找出来的对不对，不过这并不要紧，因为这种前后对比可以作用于任何事情上。这本书是我小小的希望之源，它给了我目标，给了我意义。我围绕着希望构建起来的故事是：我相信这本书能帮助一些人，能让我的生活和这个世界都变得好一点。

我能肯定吗？不能。但这是我自己的具备前后对比的故事，我是不会放弃的。这让我在早上有动力起床，让我对自己的生活兴奋不已。这非但不是什么不好的动力，还是我唯一的积极动力。

创造何种具备前后对比的故事是因人而异的：好好照顾孩子长大，拯救地球环境，赚很多钱并有一艘超级酷炫的游艇，提升高尔夫球挥杆水平……

我们总能解释自己为什么选择了某个故事。基于某种理论也好，凭借直觉也好，运用理由充分的论证也好，获得希望的方式并不重要，反正结果是相同的：你相信自己在未来有成长的潜力、有进步的空间、能被某个人拯救，并且有办法到达那样的未来。这就行了。日复一日，年复一年，我们的生活由这些充满希望的小故事不断堆叠而成。在心理层面，它们是棍子上的胡萝卜[a]。

你也许会说，这一切听起来太虚无主义了。拜托，这本书不是虚无主义的论据，这就是一本反对虚无主义的书——无论是我们内在的虚无主义，还是现代世界中日益增强的虚无感。[6]要反抗虚无主义，你必须从虚无入手，必须从令人不适的真相开始，必须慢慢建立希望，而且是一种可持续的、善良的希望，一种可以把我们团结在一起而不是让我们分道扬镳的希望，一种强大有力，但仍然建立在理性和现实基础上的希望，一种让我们能带着

a 拉磨的驴身上常绑着一根棍子，棍子顶端挂着的胡萝卜会吸引驴不停往前走。

感恩和满足走到尽头的希望。

这当然不容易做到。在 21 世纪，这可能比在以往任何时候都难做到。虚无主义和伴随而来的对欲望的纯粹放纵，在现代社会大行其道。虚无主义崇尚为了掌权而掌权，为了成功而成功，为了快乐而快乐。虚无主义者认为没有更广泛的"为什么"，没有伟大的真理或事业，他们就是简单地想着"这感觉很好"。

可正如我们所看到的，这就是一切看起来如此糟糕的原因。

越富足，越焦虑

我们生活在一个有趣的时代。物质上的一切前所未有的丰盛，可人们似乎都失了智，认为世界是一个即将被按下冲水按钮的巨大马桶，非理性的绝望感正在蔓延。

这就是发展的悖论吗？难道事情变得越好，我们就越感到焦虑和绝望？[7]

近几年来，很多畅销书作家一致认为，我们感到如此悲观是错误的，一切都前所未有地好，而且会变得更好。[8]他们都用大段文字来反驳我们持有的偏见和错误假设，让我们不要总觉得一切都很糟糕。他们一致认为，在现代历史上，发展是持续进行、从未间断的，人们比过去任何时候都更有教养、更文明。[9]在过去的几十年甚至几百年里，暴力行为越来越少；[10]种族主义、性别主义、歧视、针对女性的暴力行为都处于有史以来的最低点；[11]

我们比过往拥有更多的权利；[12] 全世界有一半人可以使用互联网；[13] 全球极端贫穷人口的数量处于历史最低水平；[14] 战争的规模越来越小，发生频率也更低；[15] 夭折的孩子越来越少，人的寿命也越来越长；[16] 人们创造的财富比以往更多；[17] 我们也已经治愈了很多疑难疾病。[18]

他们是对的，了解这些事实很重要。但看这些书就像听你那烦人的叔叔唠叨个没完，说他像你这么大时，条件比现在要差很多。即使他是对的，这也不一定能让你面对问题时感觉更好。

除了上面说到的那些振奋人心的好消息，还有以下令人惊讶的统计数据。在美国，年轻人中出现抑郁和焦虑症状的比例持续上升了八十年；在成年人中，这一比例持续上升了二十年。[19] 你看，不仅有更多的人受到抑郁的困扰，而且抑郁的群体也越来越年轻化。[20] 还有，自 1985 年以来，人们的生活满意度持续降低。[21] 造成这一切的原因之一可能是在过去的三十年里，人们承受的压力越来越大。[22] 鸦片类毒品已经在美国和加拿大的大部分地区泛滥，药物滥用问题也史无前例的严重。[23] 将近一半的美国人表示在生活中感到孤独、被孤立和被隔绝。[24] 社会信任度直线下降，不信任感在人群中蔓延，这意味着人们比以往任何时候都更不信任政府、媒体和他人。[25] 20 世纪 80 年代，当被问起在过去六个月中和多少人讨论过重要的个人问题时，最常见的答案是"三个人"，到了 2006 年，最常见的答案是"一个也没有"。[26]

简单来说，我们是有史以来最安全、最繁荣的一代，但我们比以往任何时候都更绝望。物质条件变得越好，我们似乎就越绝望。

这就是发展的悖论。或许我们能总结出一个令人吃惊的事实：你所居住的环境越富裕、越安全，你就越有可能自杀。[27]

我们无法否认在过去的几百年里，人类在健康、安全、物质财富方面取得了巨大进步。但这些数字只属于过去，与未来无关。我们必须在对未来的想象里找到希望。

因为希望并不是基于统计数据而产生的。希望不关心枪击死亡和车祸死亡的人数是不是呈下降趋势，不关心去年有没有商业飞机失事，也不关心在蒙古失事的飞机数量是否达到历史新高。

希望并不关心已经解决的问题，只关心仍需要解决的问题。因为世界越美好，我们有可能失去的就越多；而失去的越多，我们就越感觉不到希望。

为了建立和保持希望，我们需要三样东西：控制感、价值观、社群。[28]控制感意味着我们感到能控制自己的生活，能掌握自己的命运。价值观意味着我们能找到一些值得为之努力的重要东西。社群意味着我们是某个团队的一员，这个团队的成员有相同的价值观，并且致力于实现同样的目标。没有了控制感，我们会在所有事情面前都觉得无能为力。没有价值观，我们就找不到值得追求的东西。没有社群，我们就会觉得被孤立，价值观也不再具有任何意义。失去了三者中的任何一个，你就同时失去了另外两者，也就失去了希望。

要想理解为什么今天的我们正在遭遇希望危机，就需要理

16

解希望的工作原理，看看它是如何产生和维持的。在接下来的三章中，我们将探讨前面说的三件重要东西：控制感、价值观、社群。

　　然后我们将回到最初的问题：为什么一切都在不断变好，我们的感觉却越来越糟？

　　答案可能会让你大吃一惊。

第二章　谁能做到完美自控

这一切都始于一场头痛。[1]

艾略特是个标准的成功人士。他是一家公司的高管，既有魅力，又很风趣，深受同事和邻居的喜爱。他还是一个合格的丈夫、称职的父亲、可靠的朋友，他的家庭生活很美好，一家人总到海边沙滩度假。

但是他经常头痛，不是那种常见的、吞一片止痛药就能解决的头痛。发作时，他头痛欲裂，眼球突突地跳着，仿佛有钻孔机在钻着他的大脑。

艾略特按时吃药，定时休息，试了各种缓解头痛的方法：努力镇定、自我松弛、避免去想它，或者干脆强忍着。但是头痛仍然缠着他，而且变得愈发严重，严重到艾略特晚上睡不着，白天也没办法工作。

最后，他去看了医生。医生给他做了各项检查，拿到结果后告诉了艾略特一个坏消息：他的额叶上有脑肿瘤。就在那儿，看见了吗？一个灰色斑点，在前面。天哪，这真是一个大肿瘤，估计有一个棒球那么大。

外科医生切除肿瘤之后，艾略特回到了家人和朋友的身边。一切似乎都回到了正轨。

可后来，情况却变得不可收拾。

艾略特的工作业绩大受影响。他必须精力高度集中并付出巨大努力，才能完成曾经对他来说小菜一碟的工作。他会花费几个小时决定用蓝笔还是用黑笔这样简单的事情。他会犯很基本的错误，而且几个星期过去了都改正不了。他成了日程安排表上的黑洞，不断错过会议和截止日期，日程表在他这里就像空气一样毫无意义。

刚开始，同事们觉得情有可原，会帮他掩饰。无论如何，这个人刚刚从脑袋里切除了足有一个棒球那么大的肿瘤。可后来，谁也掩饰不下去了。艾略特找的借口都太离谱了。你就为了去买一个新的订书机而翘掉了与投资者的会议？真的吗？你到底在想什么呢？²

面对几个月来的拙劣表现，以及一堆乱七八糟的事情，真相已经难以否认：手术不仅仅切除了艾略特的脑瘤，还让公司损失了一大笔钱。因此，艾略特被开除了。

与此同时，他家里的情况也好不到哪儿去。想象一下，你有这么一位不务正业的老爸，他就像长在沙发上的土豆一样，二十四小时不挪窝地看家庭问答节目。这就是艾略特的新生活了。他错过了儿子的世界幼儿棒球大赛，因为要在电视上一口气看完"007"系列电影而缺席了一次家长会，忘了妻子一般都希望他能每周至少和她好好聊一次。

艾略特跟妻子间的争吵就像火山一样爆发了。然而，其实那根本算不上真正意义上的"争吵"，因为唯有双方都在意某件事时才能吵起来。艾略特的妻子喷出熊熊怒火，而艾略特本人则完全游离在状况之外，没采取任何紧急措施来改变事态或做出补救，从不告诉这位身边最亲近的人自己有多么爱她。相反，他就那么疏离着，对一切都不闻不问。他就像生活在一个独立的区域中，从地球上的任何地方都无法到达他的世界。

最终，他的妻子忍无可忍。她大喊大叫，说除了那个肿瘤之外，艾略特还失去了"别的什么东西"，那就是他的心。她和艾略特离了婚，带走了孩子们。现在，艾略特孤身一人了。

沮丧的艾略特开始寻找新的人生方向。他投资了很多企业，都以经营不善告终。一个自称艺术家的骗子从他手里诓走了大部分积蓄。一个心怀鬼胎的女人色诱了他，说服他私奔，接着在一年之后和他离婚，夺走了他一半的财产。他在镇上闲逛，住的公寓越来越便宜，也越来越糟糕。短短几年，他就成功地把自己搞得无家可归。弟弟把他带回家，供他吃穿。他的朋友和家人都大吃一惊，才几年时间，曾经那么让人仰慕的艾略特简直变了一个人。没有人能理解这一切。毫无疑问，艾略特身体里有什么东西跟以前不一样了，那使人衰弱的头痛带来的不仅仅是痛苦。

问题是，到底是什么变了呢?

艾略特的弟弟陪着他，看了不知道多少个医生："他不再是他自己了，我告诉你，他有问题。他看起来不错，但实际上并非如此。"

医生尽自己所能，做了各项检查，然后拿到结果。然而，他们都说艾略特非常正常——或者至少符合他们对"正常"的定义。艾略特的身体状况甚至好于平均水平，智商仍然很高，逻辑思维能力很扎实，记忆力也很棒，电脑断层扫描的检查结果一切正常。他依旧富有魅力，可以幽默地谈论很多话题，甚至详细地讲述那些不明智抉择所产生的影响和后果。精神科医生说艾略特并不抑郁，相反，他的自尊心很强，没有长期受到焦虑和压力困扰的迹象——他犯下的错误在生活里掀起飓风，而位于飓风眼的他就像禅定一样镇静。

艾略特的弟弟不能接受这个结果。一定有什么东西出错了，他这个人肯定少了些什么。

最后，无奈之下，艾略特被介绍给了著名的神经科学家安东尼奥·达马西奥。

最初，安东尼奥·达马西奥和其他医生做了同样的事：他给艾略特做了大量认知测试。测试内容包括记忆力、反应能力、智商、性格、空间关系、道德逻辑。艾略特轻而易举就通过了测试，每一项都轻松地完成。

接下来，达马西奥做了其他医生没有做过的事情：他和艾略特对话。是真正的对话，也就是用交谈的方式。达马西奥想要知道一切：每个错误、每个过失、每个遗憾。他是怎么失去了工作、家庭、房子和存款的？他希望和艾略特一起经历每一次抉择，知道抉择背后的思考过程（或者，对艾略特来说是抉择背后思考过程的匮乏）。

艾略特可以详细解释他做了什么决定，但是无法解释为什么做出这些决定。他可以流畅甚至颇具戏剧性地叙述事实，讲清事情发生的顺序，但当被要求分析他的决定时（为什么觉得买一个新的订书机比投资者会议更重要？为什么觉得詹姆斯·邦德比他的孩子更重要？），他很茫然，没有答案。不仅如此，他甚至不会因没有答案而沮丧，因为他不在乎。

这个由于自己的错误抉择而失去一切的人从未展露出自控能力。他完全知道生活已经变得多么糟糕，却并没有表现出后悔、懊恼、自我厌恶和哪怕一点点的尴尬。很多人遭受的挫折比艾略特少得多，甚至就已经选择了自杀，但是艾略特活得好好的，他对自己的不幸能够释怀，甚至无动于衷。

这时候，达马西奥非常敏锐地发现：给艾略特进行的心理测验都旨在衡量他的思考能力，却没有一项测验衡量他的感受能力。所有医生都担心艾略特的推理能力受到损坏，但是没有人去思考艾略特感受情绪的能力是不是已经损坏了。即使有医生意识到了这一点，也没有标准化的方法来衡量。

一天，达马西奥的同事打印了一堆照片，有被烧伤的受害者、可怕的谋杀现场、饱受战争摧残的城市和饥饿的儿童。达马西奥一张一张地向艾略特展示了这些照片。

艾略特完全无动于衷，什么都感觉不到。照片上的景象非常惊人，艾略特本人也承认这些情况很糟糕。他坦言，在过去这些照片肯定会让他不安，会让他的内心充满同情和恐惧，会让他厌恶地转过头去。但现在呢？艾略特坐在那里，盯着人类历史上最黑暗堕落的场景，却什么都感觉不到。

达马西奥发现了问题所在：尽管艾略特的认知能力完好无损，但肿瘤，或者切除手术，或者两者共同削弱了他的共情能力。他的内心世界不再拥有光明和黑暗，而是一望无际的灰色混沌。出席女儿的钢琴演奏会能带来作为父亲的快乐和自豪感，但在他看来，这和买一双新袜子带来的感觉是一样的。损失一百万美元对他来说和给车加油、洗衣服或者看家庭问答节目没什么分别。他变成了一台会走路、会说话的冷漠机器。

现在的艾略特已经不能做出价值判断，不能辨别优劣了。所以，不论智商有多高，他都失去了自我控制的能力。[3]

但这提出了一个大问题：如果艾略特的认知能力（智力、记忆、注意力）十分完美，他为什么再也不能做出有效的决定？达马西奥和他的同事们无法解释这一现象。

我们都希望有时候可以感受不到情感，因为情感常常驱使我们做一些日后会后悔的蠢事。几个世纪以来，心理学家和哲学家们认定压抑情感是解决所有生活难题的灵丹妙药。然而，这里有一个完全被剥夺了情感的人，一个除了智慧和推理能力之外一无所有的人，可他的生命很快就分崩离析了。他的案例违背了关于理性决策和自我控制的所有常规认识。

还有第二个同样令人困惑的问题：如果艾略特仍然聪明绝顶，能够用逻辑思维解决他遇到的问题，那为什么他的工作表现会断崖式下降？为什么他的工作能力低到与废物无异？为什么在明知道后果的情况下，他仍然放弃了家庭？即使你对工作和妻子都不屑一顾，理性还是能告诉你维持这些很重要，是吧？我的意思是，连反社会人格者最终都能弄清楚这些，为什么艾略特不能呢？每隔一段时间去看一次世界幼儿棒球赛能有多难呢？可不知为何，失去了感知能力之后，艾略特同时也失去了做决定的能力，失去了掌控自己生活的能力。

我们都有过知道应该做什么但没有做到的经历。我们都曾经推迟过重要的任务，忽略过应该关心的人，放弃过对自己有好处的事。通常，当没有做到该做的事情时，我们认为这是因为自己无法充分控制情绪，太不守纪律。然而，艾略特的案例使这一切重新成为疑问。这件事质疑了自我控制这个概念，质疑了人可以抑制冲动和情感、用逻辑思维强迫自己做一些对自身有益的事情这个观点。

为了在生活中获得希望，首先，我们必须感觉到好像能够控制自己的生活，必须感觉到自己正在追随我们认为健康正确的信念，正在追求"更好的东西"。然而，大多数人都无法控制自己。艾略特的案例是一个突破口，能让我们明白为什么自我控制是不可能的。这个贫穷、孤独、被孤立的人，他盯着照片中破碎的尸体和地震后的碎石，这一切就像他自己生活的某种隐喻。这个男人失去了所有的一切，但是仍在诉说自己经历时露出了笑容。这个男人将彻底改变我们对人类思维的理解，改变我们做出决定的方法，改变我们对人可以在多大程度上做到自我控制的认识。

经典假设

有一次，音乐家汤姆·威茨被问及对于饮酒的看法。他喃喃地说："我宁可在面前放一瓶酒，也不要接受脑叶白质切除术。"说这话时，他烂醉如泥，而且还正好在上国家电视台的节目。[4]

脑叶白质切除术是一种脑外科手术：医生先是在病人的颅骨上钻一个洞，然后用冰锥轻轻切除病人的前脑叶。手术由神经学家安东尼奥·埃加斯·莫尼斯于 1935 年发明。埃加斯·莫尼斯发现，在对付那些极度焦虑、患有自杀性抑郁症或者其他心理疾病的病人时，如果你以正确方式损毁他们的大脑，他们就会冷静下来。

埃加斯·莫尼斯认为，只要加以完善，脑叶白质切除术可以治愈所有精神疾病。他开始向全世界推广这项发明。在 20 世纪 40 年代后期，这项手术大受欢迎，被用在全世界成千上万的病人身上。埃加斯·莫尼斯本人甚至因为这项发明获得了诺贝尔医学奖。

然而，到了 20 世纪 50 年代，人们开始注意到在患者的颅骨钻一个洞，像从挡风玻璃上刮掉冰一样在大脑中刮掉一部分，会造成一些副作用。而所谓的"一些副作用"，就是这些病人会变成行尸走肉。尽管手术"治愈"了极端情绪给患者带来的痛苦，但是手术之后，患者无法集中注意力，无法做出决定，无法开展事业，无法做出长期规划，无法运用抽象思维进行自我反思。从本质上来说，他们变成了无知的僵尸，变成了艾略特。

苏联是全世界第一个禁止这种手术的国家。苏联政府宣布，这项手术"将一个疯子变成了白痴"，"违背了人道主义原则"。[5]

从那时开始，世界其他地方开始慢慢禁止这项手术。到了20世纪60年代，几乎每个人都对这项手术嗤之以鼻。全世界最后一次脑叶白质切除术于1967年在美国施行，以患者死亡而告终。十年后，醉酒的汤姆·威茨在电视上咕哝着说出了他的名言。再后来，关于这种手术的一切都成了历史。

汤姆·威茨是一个十足的酒鬼，在20世纪70年代的大部分时间里，他都在勉力睁开蒙眬的醉眼，试图记起自己把香烟放在哪儿了。[6]在这段时间里，他还抽空创作并录制了七张精彩的专辑。他既多产又深刻，获奖无数，唱片卖了数百万张，享誉全球。他是世间少有的对人性有着惊人洞察力的艺术家之一。

威茨关于脑叶白质切除术的讽刺背后隐藏了智慧：他宁愿陷入对酒精的狂热也不愿意对世界毫无激情，他觉得在底层找到希望比没有希望更好，他认为如果没有不守规矩的冲动，我们就什么都不是。

26

几乎总是有一种默认的假设，认为情绪是造成人们所有问题的根源，而理性必须介入，以理清混乱的思绪。这种假设可以一直追溯到苏格拉底时代，他宣称理性是一切美德的根源。[7]在启蒙时代的开端，笛卡尔认为我们的理性与动物欲望是分开的，理性必须学会控制这些欲望。[8]康德说过类似的话。[9]弗洛伊德也说过，当然了，他说的话里面提到了很多次性器官。[10]在两千多年的时间里，哲学家们宣称人们必须要让理性支配不羁的激情，帮助人们最终控制自我。我相信，1935年，当埃加斯·莫尼斯为他的第一位患者进行脑叶白质切除术时，他坚信自己刚刚找到了一种让理性支配激情的方法。

人必须用理性思维来支配情感这一假设已经延续了很长时间，并继续在大部分文化里大行其道，我把这个假设称为"经典假设"。经典假设说，如果一个人没有纪律、不守规矩或心存歹念，那是因为他缺乏征服情感的能力，他要么意志薄弱，要么就是废物一个。经典假设将激情和情感视为缺陷，视为人们心灵中的错误，认为我们必须克服并抑制它们。

今天，我们通常根据经典假设来判定一个人。肥胖的人被嘲笑和羞辱，因为他的肥胖被认为是自我控制失败的结果。他明知道自己应该减肥，竟然还在吃东西，这是为什么？因为他一定有问题。烟民，同样有问题。酗酒者，道理相同。

抑郁和有自杀倾向的人也受制于经典假设，但处境更加艰难。他们被告知，无法在生活里创造希望是他们自己的错。也许，如果再努力一点，就不会觉得上吊自杀有那么吸引人了。

我们认为屈服于情感冲动是道德上的失败，缺乏自我控制是人格欠缺的标志。相反，我们为成功压抑了自我、让情绪屈服的人欢呼。我们在那些如机器人一般无情且高效的运动员、商人面前达到了集体高潮。如果一名 CEO 在办公桌下睡觉，六个星期都没和孩子见面——太棒了！这就叫作决心！看到了吗？任何人都可以成功！

不难看出，经典假设可能导致一些很有破坏性的结果。

如果经典假设是正确的，那么我们应该能够做到自我控制，能够防止情绪爆发和激情犯罪，能够仅凭精神上的努力就避免沉迷和放纵。任何失败都反映出我们内在的一些缺陷或不足。

这就是为什么我们经常错误地认为需要自我改变：如果无法实现目标、无法减肥、无法获得升职、无法学习技能，就意味着我们存在一些内部缺陷；为了保持希望，我们必须改变自己，成为一个崭新的、不同的人。而改变自己的愿望也给人生带来了希望——那个"旧的我"无法摆脱抽烟这个可怕的习惯，但是这个"新的我"可以，看吧，一切又能从头再来了。

这种持续改变自己的愿望会让人上瘾。每个改变自己的周期都可能走向自我控制失败的相似结局，因此，你觉得好像总是需要重新开始"改变自己"，而每次"重新开始"都让你感到充满希望。

经典假设从未被质疑或者证实，更不用说被抛弃了。其实，它才是所有问题的根源。

就像顽固的粉刺一样，在过去的几个世纪中，"改变自己"

的想法已经存在了好一段时间。这当中充斥着关于幸福、成功和自我控制的秘诀。然而，自我改变的想法是否也让人们感到不满足的那股冲动更强烈了？

真相是，人们的头脑比任何秘诀都复杂得多。你不可能轻易就改变自己，我认为你也不该总是觉得必须要这么做。

我们死死抓住自我控制这根稻草，因为这是希望的主要来源。我们想要相信，做出改变就像知道需要改变的内容一样简单。我们想要相信，完成某事就像决定做这件事并且积攒足够的动力一样简单。我们想要相信，自己可以成为命运的主人，有能力做到梦想中的任何事。

达马西奥在艾略特案例中的发现非常重要，它表明了经典假设是错误的。如果经典假设是正确的，如果生活就像学着控制自己的情绪并根据理性做出决定一样简单，那么艾略特应该是一个不可阻挡的牛人，一个不知疲惫的无情决策者。同样，如果经典假设是正确的，脑叶白质切除术应该大行其道，我们都会为这项手术存钱，就像我们为整形手术存钱一样。

然而，这项手术不奏效，艾略特的生活也毁了。

事实是，实现自我控制需要的不仅仅是意志力。事实证明，情绪对我们的决策和行动至关重要，只是有时候我们意识不到这一点。

理性大脑和感性大脑

假设你的大脑是一辆车，我们称其为"意识汽车"。你的意识汽车在沿着生活的道路行驶，前方有交叉路口，你要上匝道、下匝道。这些道路和交叉路口代表着你驾驶时必须要做出的决策，它们决定了你的目的地。

现在，你的意识汽车里有两位旅行者：一位是理性大脑，一位是感性大脑。[11] 理性大脑代表了你有意识的想法、计算的能力、用不同方法进行推理的能力，以及语言表达能力；感性大脑则代表了你的情绪、冲动、直觉和本能。当理性大脑正计算着信用卡账单上的还款时间时，感性大脑想要卖掉一切财产逃到大溪地[a]去。

你的两个大脑各有其优点和缺点。理性大脑总是一丝不苟，准确而公正。它讲道理、有方法，但是反应很慢。理性大脑的运行需要消耗大量的精力和能量，就像肌肉一样，必须花时间来锻造，如果使用过度可能会疲劳。[12] 感性大脑则可以迅速而轻松地得出结论，问题是这结论通常既不准确也不合理。它有点小题大做，并且有反应过度的坏习惯。

我们通常认为是理性大脑在驾驶意识汽车，而感性大脑坐在乘客座位上，嚷嚷着它想去的地方。理性大脑正独自开着车，载着梦想，要找到回家的路，这时该死的感性大脑看到了一些有趣

---

a 大溪地是位于南太平洋的度假胜地，被称为"最接近天堂的地方"。

的东西，非要朝那里打方向盘。这导致我们撞上了迎面而来的车流，不仅伤害了自己，也伤害了别人的意识汽车。

这就是经典假设，认为理智终将控制生活，而我们必须训练自己的情感，让它在理智驾车时坐下来，乖乖闭嘴。我们为这种压抑情感的行为鼓掌，祝贺自己终于获得自控力了。

但意识汽车不是这么工作的。切除肿瘤之后，艾略特的感性大脑被这辆行驶中的汽车扔出了窗外，但他并没有变好，因为他的意识汽车熄火了。接受了脑叶白质切除术的病人将感性大脑捆起来，扔进了后备厢，这使他们变得呆滞又懒惰，经常起不了床，甚至没办法穿上衣服。

而汤姆·威茨几乎一直都用感性大脑行事，人们却花大把的钱请他在脱口秀节目中喝得烂醉如泥。

你看，我们一直都想错了，其实是感性大脑在驾驶意识汽车。不管你认为自己的想法有多么科学，不管你的名字后面有多少头衔，小子，你就是芸芸众生中的一员，是一个由疯狂的感性大脑掌舵的人肉机器人。别再骗自己了。

我说感性大脑驾驶着意识汽车，是因为最终只有情感能让我们采取行动。行动就是情感。[13] 情感是让身体动起来的生物液压系统。恐惧并不是电脑发明的神奇事物，它就发生在我们体内。恐惧是你收缩的胃部、紧绷的肌肉、肾上腺素的释放、是对寻找一个支撑物的强烈渴望。理性大脑只不过是你头骨内部有序排列的脑细胞，而感性大脑是遍布你全身的智慧与愚蠢。愤怒让你的身体动起来，而恐惧让你退缩和逃避，快乐会牵拉你的脸部肌肉，而悲伤会让你把自己关起来。情感激发行动，行动也激发情感，两者是密不可分的。

由此，我们能对那个永恒问题做出最简单也最明确的回答。为什么我们不做自己知道应该做的事情？因为我们不想做。

每个和自我控制有关的问题都不是关于知识、纪律或者理智的问题，而是关于情感的问题。自我控制是一个情感问题，懒惰是一个情感问题，拖延是一个情感问题，成绩不佳是一个情感问题，冲动是一个情感问题……

这可糟了，因为情感问题比逻辑问题要难解得多。方程式可以帮你计算每个月要还多少汽车贷款，但没有方程式可以帮你结束一段不好的关系。

所以，从理智上了解如何改变你的行为并不能真的让你改变行为。（相信我，我看了十二本营养学的书，但是写这段时，我正咬着一个汉堡。）我们都知道应该戒烟，或应该别再吃甜食，或应该不在背后说朋友的坏话，却仍然这么做着。这并不是因为我们不明理，而是因为情感在驱使一切。

情感问题是非理性的，意味着我们无法以讲道理的方式解决，只能用情感的方法来处理。也就是说，完全取决于感性大脑。这可糟透了，如果你已经看过大多数人的感性大脑是如何驾驶的，就知道这真的很可怕。

当有事情发生时，理性大脑坐在乘客座上，想象自己控制着全局。如果感性大脑是驾驶员，那么理性大脑就是导航仪。它有一堆从现实生活中累积拼凑出来的地图，知道如何原路返回，再沿另一条路线到达同一个目的地，知道哪里道路不通、哪里有捷径。理性大脑视自己为聪明、理性的一方，并且认为这在某种程度上使它有能力控制意识汽车。但事实并非如此。正如美国心理学家丹尼尔·卡尼曼所说，"理性大脑"是"以为自己是主角的配角"。[14]

即使有时候理性大脑和感性大脑没办法忍受对方，它们仍然需要彼此，感性大脑会产生情绪，使我们付诸行动，而理性大脑会就行动的方向给出建议。这里的关键词是"建议"。虽然理性大脑不能控制感性大脑，但是它可以施加影响，有时候还能在很大程度上起作用。理性大脑可以说服感性大脑走上一条新道路，以去往更美好的未来；在犯错的时候掉头放弃，或者考虑另一条路线，到一个曾被忽视的地方去。但是感性大脑很固执，如果它想要朝一个方向前进，那么无论理性大脑提供多少事实和数据，它仍然会向那里驶去。著名心理学家乔纳森·海特将这两个大脑与一头大象及其骑手进行了类比。骑手可以轻轻地拉动绳子，让大象转向，但最终大象会走到它想去的地方。[15]

马戏团的小丑车

感性大脑很强大，却有着黑暗的一面。在意识汽车中，感性大脑就像一个坏脾气的司机，从不停下来问路。他讨厌别人告诉自己要去哪里，如果你胆敢质疑他的驾驶方式，他绝对会大发雷霆，把你吼哭。

为了不让心里一团乱麻并保持希望，理性大脑发展出一种行为方式：为感性大脑已经决定想要去的地方绘制地图，进行解释，使其变得合理。如果感性大脑想要吃冰激凌，那与其让这种想法和甜食会使人发胖的事实相矛盾，不如这样想："知道吗，我今天工作很辛苦，吃一点冰激凌是我应得的。"感性大脑对此感到放松和满意。如果感性大脑认定你的伴侣是一个人渣而你什么也没做错，那么理性大脑会立刻做出反应，回忆起那些不好的时刻：你耐心而迁就，但你的伴侣却密谋着要毁掉你的生活。

这样，两个大脑会发展出一种很不健康的关系，就像你小时候跟父母一起去公路旅行时一样。理性大脑胡编乱造，说感性大脑想要听的话。作为回报，感性大脑保证不会往路边乱开车，撞到树上去。

你的理性大脑很容易掉入陷阱，只绘制感性大脑喜欢的地图。这被称作"自利性偏差"，大致上，这几乎是人性中所有糟糕事情的根源。

通常，自利性偏差只是会让你产生偏见，并开始以自我为中心。你会认为，感觉对就是真的对。你会快速地判断人和事，其中许多判断都是不公平的，甚至有些偏执，只不过这一切并不会造成严重后果。

但是在极端的情况下，自利性偏差可能会演变成完全的妄想。你会相信一个并不存在的现实，会把记忆和夸张化的事实混为一谈，以满足感性大脑永无止境的渴望。如果理性大脑软弱无知，同时感性大脑又被激怒了，那理性大脑就会屈服在感性大脑炽热的异想天开之下，失去独立思考和反驳的能力。

危险驾驶由此开始。此时，你的意识汽车变成了一辆马戏团的小丑车，车子有巨大、充满弹性的红色轮胎，有随时随地大声播放嘈杂音乐的扬声器。[16] 当你的理性大脑完全屈服于感性大脑时，当你的人生追求完全由自我满足来决定时，当真理在自利性偏差面前成了玩笑时，当所有的信仰和原则都消失在虚无主义的海洋中时，你的意识汽车就变成了一辆小丑车。

这辆小丑车会带你驶向自恋和冲动。思想成了小丑车的人，很容易受到让他们持续感觉良好的人或者团体的操纵。一辆小丑车会很乐意用巨大的红色橡胶轮胎碾压别人的意识汽车，因为理性大脑会说那些人罪有应得——他们是邪恶的、劣等的，应该对某些根本不存在的问题负责。

小丑车有时候也会追求仇恨，因为仇恨自带奇怪的道德优势。小丑车会不可避免地走向毁灭他人之路，因为只有通过对外部世界的破坏和征服，才能满足其无尽的内在冲动。

一旦某人坐进了小丑车，就很难把他拉出来。在小丑车中，理性大脑长期被感性大脑欺凌和虐待，以至于患上了斯德哥尔摩综合征——无法想象除了讨好感性大脑、证明感性大脑的合理性之外，自己还能做什么。它不能与感性大脑产生矛盾，也不能质疑感性大脑的前进方向。如果有人建议它反抗感性大脑，它就会发怒。一旦坐进小丑车，人就没有了独立的思想，没有了正确看待冲突、改变信仰或者观点的能力。从某种意义上说，思想成了小丑车的人完全放弃了个人身份。

小丑车的隐喻启发了古代哲学家，于是他们警告世人不要过度放纵和崇拜情感。[17]正是对小丑车的恐惧激发了希腊人和罗马人传授美德的行为，后来基督教教会也宣扬了禁欲和克己。[18]古典哲学家和教会都看到了自恋和狂妄自大造成的破坏，也都认为控制感性大脑的唯一方法是剥夺它的生存空间，给它尽可能少的氧气，这样就能防止它爆发并破坏周围的世界。这种思想催生了经典假设：成为一个好人的唯一方法是让理性大脑胜过感性大脑，让理智胜过情感，让责任胜过欲望。

在人类历史上的大部分时间里，人类都是残酷、迷信、未受过教育的。中世纪的人把折磨猫当成一项运动，他们带着孩子去看盗贼在本地的城市广场上被切掉睾丸。[19]那时的人们是虐待狂，是冲动的浑蛋。在历史上的大部分时间里，世界并不是宜人的居住地，因为每个人的感性大脑都在狂奔。[20]因此经典假设出现了，它是介于文明和完全混乱状态之间的唯一屏障。

然而，在最近两百年内世界发生了很大变化，人们制造了火车和汽车，发明了中央供暖和一些别的好东西，经济繁荣满足了人类过往的所有冲动。人们不用再担心吃不饱，也不用担心因为侮辱领主而被杀掉。生活变得更舒适、更简单，人们现在有大把的空余时间，坐下来思考他们以前从未考虑过的什么存在主义，还为此发愁。

于是，到20世纪末期一些为感性大脑而斗争的运动出现了。这确实解放了感性大脑，并且对于数百万人来说，把感性大脑从理性大脑的无情镇压中解放出来是难以置信的疗愈，直到今天仍然如此。

问题是人们在反方向走得太远了，他们从认识并尊重自己的感觉出发，到达了另一个极端，即相信感觉是唯一重要的事情。在经典假设下长大的中产阶级雅皮士们，成长的过程非常悲惨，长大之后才开始重视感觉这件东西。因为这些人在生活中从未遇到过除了"觉得糟糕"以外的任何问题，所以他们错误地认为感觉是唯一重要的东西，理性大脑的束缚是不合时宜的干扰。很多人把为了感性大脑而关掉理性大脑称为"精神成长"，并且自我说服，声称成为只关心自己的讨厌鬼更能让他们大彻大悟。其实，他们只是沉迷于从前的感性大脑而已，那是同一辆小丑车，只是漆上了新的精神油漆。[21]

过度压抑情绪是会导致希望危机的。[22]压抑情绪的人否定自己的感性大脑，让自己对周围的世界感到麻木。这种人排斥自己的情绪，拒绝做出价值判断，也就是不能决定一件事比另一件事更好还是更糟。结果，他们对生活麻木不仁，对自己做过的决定漠不关心。他们无法与别人相处，情感关系受挫。最终，长期的冷漠使他们不得不面对令人不适的真相。毕竟，如果没什么事是更重要或更不重要的，那么就没有理由做任何事。如果没有理由做任何事，那为什么还要活着呢？

另一方面，过度放纵情绪也是不好的。否认自己理性大脑的人会变得冲动又自私，会扭曲现实以迎合自己的异想天开，但是他们永远不能感到满足。他们的希望危机是，无论吃多少、喝多少、占有多少、做多少次爱，都不会觉得满足，一直感觉不到意义，一直认识不到什么是重要的。他们将永远在绝望的跑步机上跑着，永远奔跑，但永远不能前进。如果在某个时刻停下，那令人不适的真相就会立刻赶上他们。

我知道，我又写得太戏剧性了。但是，理性大脑，我必须要这么做，否则感性大脑会感到无聊然后合上这本书。有没有想过为什么有些书引人入胜？并不是你在翻那些书，而是你的感性大脑在阅读。你享受的是期待和悬念，是发现时的喜悦和合上书时的满足。好的作品能够同时和两个大脑对话并刺激它们。

这就是我们要做的事：和两个大脑对话，将它们整合成一个合作、协调、统一的整体。如果自我控制是理性大脑自视过高产生的错觉，那么自我接纳将拯救我们——接受自己的情感，与之合作而非对抗。但是要做到这种自我接纳，理性大脑，我们必须做一些工作。来，让我们谈谈吧。

致理性大脑的一封信

嗨，理性大脑：

最近过得怎么样？家人还好吗？你搞定报税表了吗？

哦，等一下。不好意思，我忘记了，我根本不在乎。

看，我知道感性大脑正在胡闹：也许是毁了一段重要的关系，也许是在深夜三点拨打令人尴尬的电话，也许是一直使用违禁药物。我知道你希望自己对一些事有控制权，却无法做到。我还能想到，有时候，这一切都让你失去了希望。

但是，听着，理性大脑，还记得你为什么非常讨厌感性大脑吗？因为它那些渴望和冲动，因为它那糟糕的决策能力。你需要找到与它产生共情的方法，因为共情是感性大脑唯一能理解的语言。感性大脑是个敏感的家伙，毕竟它是由那些该死的感觉组成的。虽然我希望它不是这样的，我希望你给它看过信用卡还款账单后它就能做出理智的决定，但是它做不到。

与其用事实和道理炮轰感性大脑，不如问一下它的感觉。比如这样问："嗨，感性大脑，你对今天去健身感觉如何？你对换个行业感觉如何？你对卖掉一切后搬到大溪地去感觉如何？"

感性大脑不会用语言回应。它的反应太快了，会直接以感觉来回应。所以，理性大脑，跟它打交道时你得学聪明些。

感性大脑可能会用单一的情绪，比如懒惰或者焦虑来回应，也有可能把多种情绪混在一起来回应，比如一点点兴奋伴随着一小撮愤怒。无论它如何回应，你，作为理性大脑（又名"在颅骨里负责任的那个大脑"），在面对任何情绪时都要保持镇定，不评判是非。觉得懒惰？没关系，我们都有感到懒惰的时候，不用急着去健身。

重要的是，让感性大脑有机会表达它所有棘手的、扭曲的情绪。你要让它把情绪抒发到可以呼吸的地方，抒发得越多，它在意识汽车方向盘上的抓力就越弱。[23]

然后，当你觉得已经理解了感性大脑时，就可以开始用它理解的方式和它对话。也许可以让它考虑一下某些新行为的好处，比如提醒感性大脑锻炼后的感觉有多么好，在夏天美美地穿着泳衣感觉有多么好，实现目标时有多么强烈的自豪感，在遵守了自身价值观、成为所爱之人的榜样时有多么开心。

你需要像与菜市场小商贩讨价还价那样来和你的感性大脑谈判，要让它认可这是一笔好买卖。不然的话，你们俩就只能挥着双手，大喊大叫，却得不到任何结果。或许，一旦做过一些感性大脑不喜欢的事情，你就要同意做一些它喜欢的事情。比如可以看喜欢的电视节目，前提是只能在健身房的跑步机上一边运动一边看；可以和朋友一起外出，前提是已经付清了当月的信用卡账单。[24]

先从简单的事情开始做起。记住，感性大脑非常敏感，而且完全不按常理出牌。

当你像前面说的那样，提议做一些轻松并在情绪上有好处的事情后，就需要观察一下感性大脑的情绪反应。如果情绪是积极的，它就会愿意朝那个方向前进一点儿，仅仅是一点儿！要记住：感觉是会变的，所以我们要从简单的事做起。感性大脑，今天只要穿上运动鞋就算成功了，让我们看看这样之后会发生什么。[25]

但感性大脑的情绪也可能是负面的。这时候你就要接受这种负面情绪，并提出另一种妥协的方案，看看它如何反应，然后重复以上步骤。

切记，在这个过程中你想干什么都行，就是不要对抗感性大脑，这只会让情况更糟糕。要我说，你永远、永远都不会赢。感性大脑永远是握着方向盘的那个。因为感觉糟糕而和感性大脑战斗，只会让感性大脑感觉更糟。你干吗要这么做呢？理性大脑，你应该是聪明的那一个。

与感性大脑的对话将以这种方式循环往复，持续数天、数周乃至数月，甚至数年。大脑之间的对话需要练习。对于某些人来说，练习意味着学会认识感性大脑释放出的情感。有些人的理性大脑忽视感性大脑太久了，以至于需要一段时间来专门学习如何倾听。也有些人面临相反的问题·他们必须训练理性大脑大胆表达，迫使其独立提出和感性大脑不同的想法。他们将不得不扪心自问，如果感性大脑是错的该怎么办？然后考虑替代方案。一开始，这对他们来说是困难的。但是这样的对话发生得越多，两个大脑越能够互相聆听。感性大脑会释放出不同的情绪，而理性大脑将更好地知道如何帮助感性大脑在人生道路上安全行驶。

这就是心理学中所谓的"情绪调节"，基本上就是学习如何在人生道路上放置一堆"护栏"和"单行道路标"，以防止感性大脑从悬崖上掉下去。[26] 这是艰难的工作，但也可以说是唯一的工作。

你无法控制自己的情绪，理性大脑。自我控制是一种幻觉，这种幻觉在两个大脑步调一致、想要完成相同的动作时产生，并给人带来希望。反之，当理性大脑和感性大脑不一致时，人会感到绝望。要想始终如一地抓住这种幻觉，唯一方法是让两个大脑不断沟通，步调一致，遵从同一套价值体系。这是一种技能，就像玩水球或者舞刀一样。你可能会划破手臂、血流满地，但这是为了入门必须要付的代价。

理性大脑，有些东西是你已经拥有的。你可能没有自我控制，但是你确实可以控制意义。这是你的超能力，是你的天赋。你可以控制冲动和情感的意义，可以用合适的方式解释它们，你有绘制地图的权力。这是种强大的能力，因为我们赋予情感的意义经常可以改变感性大脑对情感的反应。

这就是你产生希望的方式。你能以一种深刻而有用的方式解释感性大脑朝你扔来的那些垃圾，从而让未来在感觉上舒适快乐、硕果累累。与其忙着为冲动辩护，让自己成为冲动的奴隶，不如冷静地思考和分析，改变冲动的特质和形状。

上述行为基本上就是一次心理治疗的全部内容，主要涉及自我接纳和情商等问题。让理性大脑学会解释情感、理解感性大脑，而不是审判它、认为它是邪恶的，这整套动作就是认知行为治疗和接纳与承诺疗法的基础，也是许多其他临床心理学家发明的有趣疗法的基础。这些疗法能够帮助改善我们的生活。

我们的希望危机通常始于一种无法控制自己或者命运的感觉。我们觉得自己成了世界的受害者，或者更糟，成了我们自己思想的受害者。我们要么与感性大脑做斗争，试图击败它并使其屈服；要么做完全相反的事，盲目地跟随感性大脑。因为相信经典假设，我们嘲笑自己，逃避世界。在许多情况下，现代社会的富足和连通性只会加重自我控制的幻觉产生的痛苦。

但是，理性大脑，你要以感性大脑的方式和它互动，创造一个可以让感性大脑产生最好而不是最糟冲动的环境。这是你的任务，你无从逃避。不管感性大脑朝你扔来什么，都要接受并与之合作，而不是对抗。

而其他的东西——所有的判断、假设以及自我提升——都是幻觉，永远都是。理性大脑，你没有控制权，你以前从未有过，今后也不会有。但是你也不必失去希望。

安东尼奥·达马西奥最终写了一本著名的书，名为《笛卡尔的错误》，写到了他从艾略特身上获得的经验，以及他的许多其他研究成果。他在书中认为，就像理性大脑产生基于事实、合乎逻辑的知识一样，感性大脑也会产生一种承载着价值观的知识形式。[27]理性大脑将事实、数据、观察结果联系起来，感性大脑也将相同的事实、数据、观察结果联系起来，做出价值判断。感性大脑决定了什么是好，什么是坏，什么是值得向往的，什么是不被需要的。最重要的是，感性大脑决定了什么是我们应得的，什么是我们不值得争取的。

理性大脑是客观且实际的，[28]感性大脑是主观且相对的。无论我们做什么，永远都没办法把一种形式的知识转化为另一种，这是关于希望的真正的问题所在。大多数情况下，我们在道理上都知道应该少吃碳水化合物，应该早起，应该戒烟，但是在感性大脑中的某个地方，我们认为不值得去完成这些事情，不配做这些事情。这就是为什么我们要去做这些事的时候感觉心情很糟糕。

这种"觉得自己不配"的感觉通常来自从前发生过的一些糟糕事情。我们遭受了一些太过可怕的磨难，以至于感性大脑认定自己应该遭受那些不好的经历。因此，尽管理性大脑有更全面的认识，感性大脑还是决定重新经历那些磨难。

这是自我控制的根本问题所在，这是希望的根本问题所在——不在于未经训练的理性大脑，而在于未经训练的感性大脑，在于感性大脑已经接受了关于自身和世界的一种错误的价值观。心理治疗工作的真正成果则在于：使我们的价值观和自身保持一致，进而，使我们的价值观与世界保持一致。

换句话说，问题不是我们不知道怎么避免被揍，而是某个时候，可能是很久以前，我们挨了揍，但在揍回去之前就认输了。

第三章　情感界的金科玉律

艾萨克·牛顿第一次挨耳光时，他正站在田埂上。舅舅一直在旁边解释为什么要把小麦按照对角线来种，但牛顿没有听。他凝视着阳光，想知道光是由什么构成的。

那一年，他七岁。[1]

他的舅舅反手扇了他一巴掌，用力之大，让牛顿的自我意识和身体一起跌倒，碎落一地。当他的心灵重新拼合在一起时，他身上不为人知的一部分仍然留在泥土中，留在了某个地方，永远无法复归原位。

牛顿的父亲在他出生前就去世了，母亲很快抛弃了他，改嫁给了邻村一个有钱的老男人。于是，在长大成人的岁月里，牛顿在舅舅、表兄和外祖父母的家里轮流寄居。没有人想要抚养他，也没有人知道该拿他怎么办。他是一个负担，很难得到关爱。

牛顿的舅舅是一个没有受过教育的醉汉，但是他确实知道如何计算农田中树篱和庄稼的行数，这是他的一项才能。他干活的时候，牛顿经常跟在后面，因为唯有这时，舅舅才会注意到牛顿的存在。这个男孩饥渴地吸引着来自舅舅的任何一点儿注意力，就像在沙漠中汲取水源一般。

事实证明，这个男孩是个神童。八岁时，他可以预测下个季度养猪和绵羊所需的饲料量；九岁时，他可以快速心算出养活一家人需要种多少小麦、大麦和土豆。

到了十岁时，牛顿认定种田对他来说太愚蠢了，他开始把注意力花在了计算这个季节中太阳的确切轨迹上。他的舅舅不关心太阳的确切轨迹，因为这么做并不能填饱肚子——至少不能直接填饱肚子——所以又一次打了牛顿。

上学之后，牛顿的处境并没有变好。他苍白、骨瘦如柴，而且心不在焉。他缺乏与人交往的能力，只喜欢些书呆子才感兴趣的事情，比如日晷、平面直角坐标系、确定月亮是否真的是一个球体。其他孩子打板球或者在树林里互相追逐时，牛顿却盯着小溪一看就是几个小时——他在想眼球是如何看到光的。

艾萨克·牛顿的早年生活里，打击一个接着一个。每受一次打击，他的感性大脑就强化一次似乎是不争的事实：他一定生来就有什么过错。不然，为什么父母抛弃了他？为什么同学也嘲笑他？他近乎恒定的孤独还能有什么别的解释呢？当他的理性大脑忙着绘出复杂的月食图表时，感性大脑却无声无息地将这些认识内化——认定这个来自林肯郡的英国小男孩从根本上就不完整。

有一天，他在学校的笔记本上写道："我是一个不值一提的人，苍白无力，这里没有我的位置。不管在家里还是在地狱深处，都没有我的位置。我能做什么？我有什么用？我什么都办不到，只能哭泣。"[2]

到目前为止，你所读到的有关牛顿的一切都是真实的，或者至少很有可能是真的。但让我们假设有一个平行宇宙，在那里还有另一个艾萨克·牛顿存在。就像这个世界的牛顿一样，那个牛顿仍然来自一个会虐待他的支离破碎的家庭，他会在生活中因为被人孤立而感到愤怒，而且仍然是测量和计算着周遭一切的神童。

但是，现在假设这个平行宇宙里的牛顿并不痴迷于测量和计算外在的自然世界，而是沉溺于测量和计算内在的心理世界，即人类的思想和心灵。

这其实不难想象，因为虐待行为的受害者通常是人性最敏锐的观察者。对于普通人来说，找一个周日在公园里观察别人可能是一件有趣的事，但是对那些被虐待的人来说，观察别人是一种生存技能。对他们来说，暴力随时可能爆发，因此他们练就了敏锐的"蜘蛛感应"[a]来保护自己。某人突然提高嗓门、挑起眉毛、用力地叹气……任何事情都可能拉响观察者身体里的警报。

让我们想象一下，这个平行宇宙中的牛顿——也就是"情感

---

a "蜘蛛感应"是电影《蜘蛛侠》中蜘蛛侠特有的一套敏感而强大的直觉系统，可以对即将来临的危险发出警报。

牛顿"——是一个痴迷于观察周围的人。他有记笔记的习惯，分门别类地记录着所观察到的同学和家人的行为。他不停地书写着，记下他们做过的每一个动作、说过的每一句话。他疯狂地写了满满几百页的观察笔记，记录了人们自己可能都意识不到的行为。情感牛顿认为，如果可以通过观察和评估来预测并控制自然世界，比如太阳、月亮、恒星的形状与布局，那么应该也可以用同样的方法来预测并控制内部的情感世界。

通过观察，情感牛顿意识到了一些令人痛苦的事，一些我们都知道但少有人愿意承认的事：所有人都是骗子。我们习惯性地说谎，[3] 为了各种事说谎。但我们一般不会恶意说谎，之所以欺骗他人是因为首先有欺骗自己的习惯。[4]

牛顿指出，光线以人们看不见的方式折射在心灵上。人们声称对某些人十分喜爱，但实际行动却表明他们讨厌这些人；人们声称会坚持一件事，却做着另外一件事；人们想象自己是正义的，却犯下最邪恶甚至最残酷的罪行。然而，人们在心中以某种方式相信自己的言行是一致的。

牛顿认定没有任何人可以信任。他计算出自己的痛苦和自己与世界的距离成反比，因此坚持独善其身，不进入别人的轨道，一直试图摆脱把他拉向其他人内心的引力。他没有朋友，也根本不想交朋友。他得出的结论是：世界是一个凄凉而悲惨的地方，他可悲人生的唯一价值就是记录和计算这些悲惨之事。

牛顿的脾气很坏，但他显然并不缺乏野心：他想知道人心的轨迹和痛苦的速度，想知道价值观的力度和希望的数量，最重要的是，他想了解所有这些元素之间的关系。

他决定撰写"牛顿的情感三定律"。

牛顿第一情感定律

在脑中默念"第一"。

对于每一个动作，都有一个大小相等、方向相反的情感反应。

想象一下，我打了你一拳。没有理由，没有根据，只是纯粹的暴力。

你的本能反应可能是以某种方式进行报复。也许是身体上的：你会打我。也许是口头上的：你会骂一堆脏话。也许是社会层面上的：你会打电话给警察，让我因为殴打你而受到惩罚。

不管反应如何，你都会感受到一股指向我的负面情绪。没错，很明显我是一个可怕的人，毕竟我无缘无故地给你带来了痛苦，而你并不应该承受这些。这一行为在我们之间产生了不公平感，让我们之间出现了道德鸿沟——认为我们之中的一个人天生就是正义的化身，另一个人是卑劣的垃圾。[5]

痛苦带来的道德鸿沟不止存在于人与人之间。如果狗咬了你，你的本能反应是惩罚它。如果你的脚趾磕到了桌角，你会冲那该死的桌子大喊大叫。如果你的房子被洪水冲走，你不仅会满怀悲伤，还会对上帝、宇宙和生命本身感到愤怒。

这些都是道德鸿沟。你觉得一些不应该发生的事情发生了，你或其他人应该重新变得完整。有痛苦的地方，就会有一种固有的优越感或者自卑感。然而，痛苦总会存在。

当面对道德鸿沟时，我们会产生极其强烈的情绪，想要获得公平或道德上的平等。对于公平的渴望会以一种"理应得到"的感觉呈现出来。因为我打了你一拳，所以你觉得你应该打回来，或者以别的某种方式惩罚我。这种认为我理应得到痛苦的感觉会使你对我产生强烈的情感，很有可能是愤怒。你还会强烈地感觉到你不应该被打，因为你什么错事也没有做，你应该被我、被周围的每个人好好对待。这种感觉可能表现为悲伤、自怜或者困惑。

这种理应得到什么东西的感觉是我们面对道德鸿沟时做出的价值判断。我们会判定某些东西比另一些东西更好，一个人比另一个人更正义，一件事不如另一件事有吸引力。道德鸿沟是我们价值观的发源地。

现在，假设我因为打了你而向你道歉。我说："嗨，朋友，这完全不公平，我实在太过分了，这种行为再也不会发生了。为了表达我强烈的后悔和内疚，快瞧，我给你烤了一块蛋糕。对了，这里还有一百美元。请收下吧。"

假设这一行为会在某种程度上满足你。你接受了我的道歉、我的蛋糕和一百美元，感觉一切都很好。我为我的行为做出了弥补，所以我们现在平等了，我们之间的道德鸿沟消失了。你甚至可能会说我们扯平了——我们两个人之间再没有谁更好谁更坏，也没有谁应该得到不同待遇。我们都在同一道德层面上。

这样的平等恢复了希望，意味着你或者这个世界不一定有错。你可以带着自我控制、一百美元和一块甜蜜的蛋糕来继续度过这一天。

现在，让我们想象另一种情况。这一次，我没有打你，而是给你买了一幢房子。

这将在我们之间创造另一个道德鸿沟。但这一次，你不是想要在我给你造成的痛苦上扯平，而是极度想要在我给你带来的快乐上和我扯平。你可能会拥抱我，会说一百次"谢谢你"，会给我一个礼物作为回报，会答应照顾我的猫，从现在起直到永远。

或者，如果你有一定自制力并且举止极其得体，你甚至可能会拒绝让我替你买房子这个邀约，因为你意识到这带来的道德鸿沟永远都无法填平。你可能会认真地说："谢谢你，但是请千万别这么做，因为我没有办法偿还你。"

与负面的道德鸿沟一样，正面的道德鸿沟会让你觉得承蒙我的关照，你欠了我什么，我应该得到一些好处，你需要以某种方式补偿我。你对我充满了感激之情，甚至流下了喜悦的眼泪。

心理上，我们天生倾向于在道德鸿沟之间保持平衡，并为此采取相应行动：用正面的行动填补正面的道德鸿沟，用负面的行动填补负面的道德鸿沟。情感是促使我们填补这些鸿沟的力量。从这个角度上说，每一个行为都需要一个大小相等、方向相反的情感反应。这就是牛顿第一情感定律。

牛顿第一情感定律一直在支配着我们的生活，因为这是我们的感性大脑用来解释世界的算法。[6] 如果一部电影带来的痛苦多于其减轻的痛苦，你会感到无聊或者愤怒，甚至可能会要求电影院退款来达到心理平衡。如果妈妈忘记了你的生日，你可能会在接下来的六个月不理她来获得平衡，或者要是你本人更加成熟些，你会告诉她你很失望。[7] 如果你最喜欢的球队惨败，你会觉得应该少去看他们的比赛，或者少为他们加油打气。如果你发现自己有绘画天分，能从自己的能力中获得他人的钦佩和自我的满足，那这就会激励你将时间、精力和金钱投入到绘画中。[8]

每段经历中都存在着平衡，因为驱使我们达到平衡的动力是情感本身。悲伤是种无能为力的感觉，用来弥补我们感知到的损失；愤怒是种愿望，想要通过力量和进攻来达到平衡；快乐意味着从痛苦中得到解放；而内疚说明你觉得自己应承受更多不曾出现过的痛苦。总而言之，所有负面情绪都源于控制感的丢失，所有正面情绪都源于控制感的获得。

对平衡的渴望加强了我们的正义感，这早在很久以前就已经被写入了规则和法律中，例如巴比伦国王汉谟拉比的经典名言"以眼还眼，以牙还牙"，例如《圣经》中的黄金法则——"你希望别人怎么对待你，你就怎么对待别人"。在进化生物学中，这个被称为"互利主义"，[9] 在博弈论中，这个被称为"以牙还牙"策略。[10]

牛顿第一情感定律令我们产生道德感，奠定了我们对公平的看法。它是构成人类文明的基石，还是感性大脑的操作系统。

当我们的理性大脑根据观察和逻辑创造事实与知识时，感性大脑则根据我们的痛苦经历创造价值观。令我们痛苦的经历在大脑中制造了道德鸿沟，而感性大脑认为这些经历是糟糕的。痛苦得以缓解的经历会在相反的方向上产生道德鸿沟，我们的感性大脑认为这些经历就是理想的。

有一种观点认为：理性大脑在事件之间建立横向联系（相似性、对比性、因果关系等），而感性大脑在事件之间建立纵向联系（更好或更糟、更理想或更不堪、道德上更优越或更劣等）；[11]理性大脑水平思考（这些事物之间有什么关系），而感性大脑则垂直思考（这些食物中的哪一个更好吃或者更难吃）；理性大脑判断事物现在的状态，感性大脑则思考事情应有的状态。

当我们经历了一些事后，感性大脑会建立一种价值等级。就好像我们的潜意识中有一个巨大的书架，生活中最好和最重要的经历（与家人、朋友和汉堡有关的）被放在顶层，而最糟糕的经历（死亡、缴税、消化不良）被放在底层。感性大脑认为我们需要尽可能追求放在更高层书架上的经历。

两个大脑都可以决定价值等级。在感性大脑决定某段经历应被放在哪一层时，理性大脑有能力指出两段经历之间的联系，并且建议应如何重新安排价值等级。本质上，这就是成长：以最理想方式重新确定价值等级的优先级。[12]

举例来说，我曾经有一个朋友，我认识的人里面数她最喜欢参加派对。她会整夜整夜地待在外面，到了早晨就直接从派对地点出发去上班。在她看来，每天早早起床或者周五晚上待在家里是很窝囊的事。她的价值等级如下：

- 很棒的 DJ
- 很嗨的派对
- 工作
- 睡眠

仅仅通过这个价值等级就可以预测她的行为。她宁愿工作也不愿意睡觉，宁愿去派对也不愿意待在工作岗位上，一切和音乐有关的事情都有着更高的优先级。

后来她参加了国外的志愿者项目，花了好几个月和其他年轻人一起帮助第三世界国家的孤儿。这段经历带来的情感如此强烈，以至于她的价值等级被彻底颠覆了。现在，她的价值等级是这样的：

- 帮助儿童免于不必要的痛苦
- 工作
- 睡眠
- 派对

仿佛魔法解除了一般，突然之间，派对不再那么有趣了。为什么？因为它干扰了她新的最高价值：帮助受苦的孩子。她转了行，全身心投入在工作上。她大部分晚上都待在家里，不喝酒，不吸烟，睡眠也很好——毕竟她需要大量的精力来拯救世界。

过去的朋友们看着她现在的状态，觉得她很可怜。这些"派对动物"根据自己的价值观，即她的旧价值观来评判一切：可怜的派对女孩，她现在每天必须早睡早起，必须去上班，也没办法每个周末都在外面玩耍了。

但是，价值等级的有趣之处在于：当它的结构发生变化时，你实际上什么也不会失去。我的朋友并没有决定为了职业而放弃派对，只不过觉得派对不再有趣了。因为乐趣是价值等级的产物，当我们不再认为某件事有价值时，这件事对我们来说就不再好玩了。那么，即使我们不再做这件事，也不会有失落的感觉。相反，当我们回头看时，会奇怪为什么当初花了那么多时间做了这么一件愚蠢而琐碎的事情，为什么在无关紧要的问题上浪费了这么多的精力。这些因后悔或尴尬而产生的痛苦是良性的，它们代表了成长，是我们实现希望过程中的产物。

牛顿第二情感定律

随着时间流逝，我们自身的价值等于我们的情感总和。

让我们回到那个打人的例子。这一次，假设我处在一个神奇的力场中，不会承受任何后果。你没法打我，不能骂我，也不能对其他人说起关于我的事。我是一个刀枪不入、全知全能的恶人。

牛顿第一情感定律指出，当某人或某物使我们痛苦时会造成道德鸿沟，而感性大脑会召唤邪恶的情绪来激励我们去达到平衡。

但是，如果这种平衡永远都不会实现呢？如果某人或某物让我们感到恐惧，而我们又没有办法去报复或者和解呢？如果我们感到无法做任何事以达到平衡、无法"把事情办好"呢？如果我的气场对你来说太过强大，该怎么办？

如果道德鸿沟持续存在足够长的时间，它就会正常化，[13] 成为我们默认的期望值。它将被置于我们的价值等级中。如果某人打了我一下，而我一直没法打回去的话，久而久之，我的大脑会得出这样一个惊人的结论：

我就是活该被打。

如果我不是活该被打，那就应该能达到平衡，对吗？无法实现平衡这个事实意味着我存在某些先天劣势，打了我的人有可能同时存在某些先天优势。

这同样是我们的希望在做回应。因为，如果不可能实现平衡，那感性大脑能想到的最好选项就是：放弃，接受失败，认定自己是劣等的，是没什么价值的。当某人伤害我们时，我们立刻做出的反应通常是"他是个烂人，而我是正义的一方"。但当我们无法行使正义、无法达到平衡时，感性大脑就会相信唯一的替代解释——"我是个烂人，而他是正义的一方"。

这种屈服并接受自己存在天生劣势的行为，通常被称为"羞耻心"或者"低自我价值感"。不管你怎么称呼它，结果都一样：

生活踢了你一下，你感到无能为力，于是感性大脑得出结论，你活该被踢。

当然，这在正面的道德鸿沟上同样成立。如果并没有赢却拿到了很多东西，比如放水得来的好成绩，我们会错误地相信眼下的自己比真正的自己更优越，因而在自欺欺人中获得了高自我价值感，或者，用大家都知道的说法来说，成了个混蛋。

自我价值感是与环境相关的。如果小时候的你因为长了奇怪的眼睛和滑稽的鼻子而被欺凌，哪怕长大后的你长得性感热辣，感性大脑也会知道你就是个呆瓜。在严格的宗教环境中成长，并且因为性冲动而被严厉惩罚的人，在长大之后，他们的感性大脑会知道性行为是不好的，即使理性大脑早知道了性行为是自然而美妙的。

高自我价值感和低自我价值感表面上有所不同，但其实它们是同一枚硬币的两面。因为无论你觉得自己比世界上的其他人都更好还是更糟，有一点是相通的：你把自己想象成特别的、遗世独立的人。

认为自己很伟大而应得到特殊待遇的人，与认为自己很低劣而应得到特殊待遇的人，其实并没有太大区别。两者都是自恋的，都觉得他们自己很特别，都认为世界应该对他们区别对待，并迎合他们的价值观和感受。

自恋狂会在优越感和自卑感之间摇摆。[14] 要么每个人都爱他们，要么每个人都讨厌他们；要么每件事都棒极了，要么每件事都搞砸了；一场活动要么是他们人生中最美好的时刻，要么给他们带来了精神创伤。对自恋狂来说，中间地带是不存在的，因为要认识眼前复杂而难以理解的现实，就必须先承认自己没有特权，也没有特别之处。通常，人们很难和自恋狂相处，因为他们认为自己是一切的中心，而且要求周围的人也这么想。

如果注意观察，你随处都可以发现在高自我价值感和低自我价值感之间不断切换的人，甚至可以在自己身体里找到这种人的影子：你对某件事的不安全感越强，就越会在妄想出来的优越感（"我是最棒的！"）和自卑感（"我是垃圾！"）之间来回切换。

自我价值感是一种幻象，[15] 是一种心理构造，是我们的感性大脑在不停运作，以预测什么对它有用，什么对它有害。最终，我们必须对自身有所感觉，这样才能对世界有所了解。没有这些感觉，我们就无法找到希望。

我们都有一定程度的自恋，这是不可避免的。人类意识的本质认定一切都通过人自身而发生，因此很自然地，我们立即假设自己是所有事物的中心，因为我们是自己所体验到的一切的中心。[16]

我们都高估了自己的能力和动机，而低估了他人的能力和动机。大多数人都认为自己的智力高于平均水平，认为自己在大多数事情上有高于平均水平的能力，尤其是在其实智力并不高或者并不具备相应能力的情况下。[17] 我们都倾向于认为自己比实际上更加诚实和有道德感。[18] 只要有机会，我们都会自欺欺人地认为对自己有益的事也会对其他人有益。[19] 当自己搞砸时，我们会认为这是一些无伤大雅的差错，正如画家鲍勃·罗斯所说："没有错误，只有快乐的事故。"但是当其他人搞砸时，我们就会立即去评判那个人的性格。[20]

这是一个全人类都有的问题。

每个机构都会由内部开始衰落和腐败。每个人在拥有一定权力却受到较少限制的情况下，都会让权力为他个人服务。每个人，在寻找别人明显的缺点时，都会对自己的缺点视而不见。

欢迎来到地球，祝你入住愉快。

我们的感性大脑以某种方式扭曲现实，使我们相信自己的问题和痛苦是世界上最特别、独一无二的，尽管证据指向的是另一面。人类的内心需要这种程度的自恋，因为自恋是我们抵御令人不适的真相的最后一道防线。让我们现实点吧：人生糟透了，生活极其困难且不可预测。我们中的多数人都是在凑合着活下去，或者干脆彻底迷失自我。如果对自己的优越感（或自卑感）没有误解，没有错误地相信自己在某些方面非同凡响，我们就会排队从最近的桥上一个猛子扎下去。没有了那一点点自恋的幻象，没有了"自己很特别"这个永恒的谎言，我们可能就会放弃希望。

但是，我们与生俱来的自恋是有代价的。无论你相信自己是全世界最好的还是最坏的，有一件事确定无疑：你和世界是分离的。

正是这种分离最终延长了不必要的痛苦。[21]

牛顿第三情感定律

你的身份将一直与你如影随形，直到新的经历和这种身份不符为止。

这是一个常见的悲伤故事。

男孩欺骗了女孩，女孩伤心又绝望。男孩离开了女孩，女孩多年后仍然无法释怀。为了使感性大脑依旧保持希望，她的理性大脑必须在两个解释中选其一：所有的男人都是渣男，或者她自己是一个人渣。

该死，这两个解释听起来都差强人意。其实，真正积极的解释应该是"有些男人很糟糕"，但是当一个人处于极端痛苦中时，感性大脑会失去分辨能力，从而发起无差别攻击。

她选择相信所有的男人都是渣男，因为她必须恢复自信。请注意，她下意识就这么相信着，而并非有意做出了这样的选择。当然，这里有很多因素在起作用：女孩以前的价值观、对自我价值的判断、分手的原因、她实现亲密关系的能力、年龄、文化背景，等等。

几年之后，她遇到了另外一个男孩，这个男孩不是渣男，甚至完全是渣男的反义词：他棒极了，既甜蜜又体贴。他很在乎女孩，是那种发自内心的在乎。

女孩现在面临的难题是：既然所有的男人都是渣男，那这样的暖男怎么可能存在? 这个男孩怎么可能真心对她好? 毕竟，她知道男人没有一个好东西，一定是这样的，她所有的情感创伤都可以证明这一点。

可悲的是，认识到这个男孩不是渣男对女孩的感性大脑来说太痛苦了，于是她只能说服自己这个男孩确实是渣男。也正因如此，她对他异常挑剔，注意到他每一个不当的用词，每一个错误的姿势，每一次尴尬的触摸。每发现一点最微小的瑕疵，她就在心里给他减分。终于有一天，她的脑中响起了警报："快离开他！保护好你自己！"

结果她以最残酷的方式离开了这个男孩，奔向了另一个男孩的怀抱。既然所有男孩都是渣男，那么，从一个渣男换成另一个渣男又有什么要紧的呢？

男孩伤心、绝望。这份疼痛持续多年后化作了羞耻，后来这种羞耻感让这个男孩陷入困境，他的理性大脑必须在两个解释中选其一：所有的女人都是渣女，或者他自己是一个人渣。

我们的价值观不只是情感的集合，它还是故事。

当我们的感性大脑感觉到什么东西时，理性大脑便会着手构建一个小故事来解释这种感觉。丢了工作不光令人恼火，你还围绕这件事构建了一个故事：在忠心耿耿多年之后，混账老板竟然还委屈了你，你可是把自己都献给了那家公司，看看最后他们回报你的是什么！

我们的小故事黏糊糊的，紧贴着我们的身份和思想，就像一件粘在身上、又湿又紧的衣服。我们随身携带这些故事，用它们来定义自己。我们和他人交换故事，寻找与我们的故事相匹配的人，并把这些人称为朋友、盟友、好人。那些和我们的故事矛盾的人呢？我们称他们为邪恶的人。

从根本上讲，自己与世界的故事主要关于以下两点：某人或某物的价值，以及某人或某物是否配得上该价值。所有故事都是以下面四种方式构成的：

- 坏事发生在某人 / 某物身上，他 / 她 / 它活该遭受这些。
- 坏事发生在某人 / 某物身上，他 / 她 / 它不该遭受这些。
- 好事发生在某人 / 某物身上，他 / 她 / 它配不上这些。
- 好事发生在某人 / 某物身上，他 / 她 / 它配得上这些。

每一本书，每一个神话、寓言，每一段历史——所有流传下来并被记住的意义，仅仅是套在这些蕴含着价值观倾向的小故事外围的花环，花朵一个连着一个，从现在到永恒。[22]

这些是我们围绕着什么是重要的、什么是值得的而创造的故事。这些故事始终伴随着我们，定义了我们，并且决定了我们如何与彼此以及世界和谐相处。它们决定了我们对自己的感觉——我们是否值得拥有美好的生活，是否值得被爱，是否有资格成功。它们定义了我们对自己的了解。

这种基于价值观的故事网络构成了我们的身份。当你在心里想"我是一个很厉害的船长"，这是你为定义和了解自己而创作的故事。这个故事是你自己的一部分，就是那个能走路会说话的自己，那个你介绍给他人的自己，那个总是在社交网络上发言的自己。故事里你自己是一个船长，工作干得棒极了，因此应该得到些好东西。

但有一件有趣的事情：当用那些小故事来定义自己的身份时，你会保护它们，会对它们做出情绪反应，就像它们是你与生俱来的一部分。这种反应与前文说到的被打会引起暴力的情绪反应是一样的：如果有人上前对你说你是个糟糕的船长，这会让你产生类似的负面情绪反应，因为我们会像保护自己的身体一样保护我们在别人眼中的形象。

个人身份在生活中会像雪球一样越滚越大。我们一边跌跌撞撞地活着，一边累积了越来越多的价值观和意义。你在成长过程中和妈妈很亲，这种关系给你带来了希望，因此你在脑海中构造了一个故事，这个故事部分地定义了你，就像你浓密的头发、棕色的眼睛、难看的脚指甲定义了你一样。妈妈是你生活中重要的一部分，她是一个了不起的女人，你所拥有的一切都归功于她——很多人在奥斯卡颁奖典礼上都会这么说。因此你保护着这一重身份，就好像它是你的某个部分一样。如果有人过来说你妈妈的坏话，你绝对会失去理智，开始摔东西。

然后，这个摔东西的经历在你的脑海中创造出新的故事和新的价值观：你认定自己有情绪管理方面的问题，特别是谈到与妈妈相关的话题时。现在，这成为你与生俱来的又一重身份。

这种情况会持续下去。

我们拥有某种价值观的时间越长，它在我们内心的雪球里藏得就越深，它对于我们如何看待自己以及世界就越重要。就像银行贷款的复利一样，我们的价值观也会随着时间流逝而变得越来越强大，并为未来的经历增添色彩。并非是你小时候被欺凌的经历毁了你现在的人生，而是你被欺凌的经历，加上自怨自艾的情绪，以及之后数十年里因为自恋而搞砸的情感关系，合在一起，毁了你现在的人生。

心理学家对于很多事情都不能确定，但有一件事他们确认无疑：童年时期的创伤会毁掉一生。[23] 早期价值观具有"雪球效应"，我们童年的经历，无论好坏，都会对我们的身份产生长期影响，并决定了我们生活中大部分基本的价值观。早期经历成为你的核心价值观。如果你的核心价值观倒塌了，在多米诺效应下，一切都会被吸入黑洞，而且影响会持续数年，毒害你之后人生中大大小小的经历。

年轻时，我们的身份渺小又脆弱，人生经验也很少。我们完全依赖着自己的看护人，但他们也会把事情搞砸。他们会忽视或伤害我们，从而引起我们极端的情绪反应，导致永远都无法填平的巨大的道德鸿沟。爸爸在你三岁时离开了，于是你那小小的感性大脑认定你从一开始就不够可爱。妈妈抛弃你嫁给一个有钱的新丈夫，你就认定了亲密关系并不存在，而且没有谁值得信任。

难怪牛顿是一个如此古怪的孤家寡人。

更糟糕的是，我们抱持着这些故事的时间越长，对它们的存在就越不敏感。它们成了我们思考时的背景音，成了我们大脑的内部装潢。尽管这些故事是武断的、完全是编出来的，但它们看起来不仅非常自然，而且像是发生过似的。[24]

我们一生所吸收的价值观会结晶，然后沉淀在性格的表层。[25] 改变价值观的唯一方法，就是去经历一些和我们的价值观完全相反的事情。任何通过新的相反经历来摆脱旧价值观的尝试都是痛苦且令人不适的，这无可避免。[26] 这就是为什么世上没有可以不经历痛苦就实现的改变，没有可以避开不安就实现的成长，也是为什么不为失去原先的自己感到难过，就不可能成为崭新的自己。

因为失去自己的价值观时，我们会为失去那些用来定义价值观的小故事而难过，就像失去了自己的某个部分一样。我们所体会到的悲伤，和我们失去了一个爱人、一份工作、一间房子、一个群体、一种精神信仰、一段友谊时的悲伤是一样的。这些都是人的基本组成部分，它们定义了一个人。当这些从生活中剥离时，它们带来的希望也会被剥离，只留下你独自暴露在令人不适的真相中。

有两种自我疗愈的方法，能帮你用更好、更健康的价值观取代旧的、有缺陷的价值观。

一种是审视你过去的经历，并且根据经历重新创作故事。他打我是因为我糟糕，还是因为他糟糕？审视生活中的故事能让我们有机会重新做决定。或许我并不是一个出色的船长，但是也没关系。随着时间的流逝，我们会意识到，在这个世界上，我们曾经认为很重要的东西实际上并不重要。我们会在某些情况下把事情展开来讲，以对自身的价值观获得更清晰的认识——她甩了我，是因为有个混账甩了她，让她在亲密关系中觉得羞耻，觉得自己配不上我。突然间，接受这次分手就变得轻松了。

另外一种改变价值观的方法是撰写自己未来的故事。设想如果你具有某种价值观或者特定身份，生活将会是什么样的。我们可以将想要的未来具象化，从而让自己的感性大脑像试衣服一样"试穿"那些价值观，在最后"买下来"之前先看看感觉如何。最终，一旦我们做了足够多的工作，感性大脑就会习惯新的价值观，并开始照此践行。

通常，教授"预测未来"这门课的人都教得很差。"想象一下，你发财了，有了好多艘游艇！你一定可以实现的！"[27]这种具象化手段就像对着你的旧价值观做白日梦一样，并没有用更好的价值观替换掉当前的不健康价值观。真正的改变应该是，想象你不再一门心思想要游艇的生活是什么样的。

卓有成效的具象化应该令人感到有点不适，应该很难去想象。如果不难的话，就代表着事情没在改变。

感性大脑不知道过去、现在和未来的差异，那是理性大脑要做的事。[28]理性大脑将感性大脑带入人生正轨的策略之一就是加很多"如果"：如果你并不喜欢游艇，把这些原本花在游艇上的时间用在帮助残疾孩子上，会怎么样？如果你不用为了让别人喜欢你而努力证明些什么，会怎么样？如果人们说"没时间"是因为他们真的没空，而不是因为不想理你，会怎么样？

闲暇时候，你可以给感性大脑讲讲故事，故事可能有真有假，但感觉起来都像真的。前海军海豹突击队成员、作家乔科·威林克在他的《纪律等于自由：野外手册》中写道，他每天早晨四点半醒来，因为他想象自己的敌人正生活在世界的某个地方。[29] 他不知道敌人在哪里，但是他认为敌人想杀死他，而且意识到如果比敌人早醒来，他就有了优势。威林克在伊拉克战争中为自己编了这个故事，那里确实有敌人想杀死他。但是退役后，他一直保留着这个故事。

客观地讲，威林克为自己编的故事毫无意义。敌人？在哪里？但是从具象化的角度讲，这个故事很强大。威林克的感性大脑深深相信这个故事，它现在依然在每个清晨把威林克叫醒。他醒的时候，我们中的一些人可能还没喝完酒，还没上床休息。

没有这些故事，没有发展出一个对我们想要的未来、想要遵从的价值观、想要摆脱或者获得的身份的清晰构想，我们注定要永远重复过去的失败与痛苦。过去的故事定义了我们，未来的故事定义了希望，我们将这些故事付诸实践，使之成为现实，使得我们的生活有意义。

情感引力

情感牛顿独自一人坐在他小时候住过的卧室里。外面很黑，他不知道自己已经醒了多久，现在几点，今天是星期几。他已经独自工作了好几个星期，没有吃家人给他送的饭，好些吃的被堆在门边，已经腐烂了。

他拿出一张白纸，在上面画了一个大圈，然后沿着圆圈标记了一些点，并写道："价值观具有情感引力，将那些和我们具有同样价值观的人吸引到我们的轨道上，并本能地排斥那些价值观和我们相悖的人，就像一个反向的磁场。[30] 这种吸引力将很多志趣相投的人组成了一个围绕着相同原则运行的轨道，每个人都沿着相同的轨迹，围绕着同一件彼此珍惜的事物旋转。"

他接着画了另外一个圆圈，与第一个相邻。两个圆圈的边缘几乎碰在了一起。在那里，他画了几条线，代表着两个圆圈的边缘间相互的张力，在这里，引力分别朝两个方向作用，破坏了轨道各自的对称性。他接着写道：

"一大群人聚在一起，根据对过往情感的评估，相似的人形成了社群。您可能崇尚科学，我也如此。那么，我们之间有一种情感上的磁场，相同的价值观让我们互相吸引，使我们永远都被对方的轨道吸引，让我们的友谊翩翩起舞。我们的价值观保持一致，我们的事业成为一体！

"不过，要是一位先生认为清教运动有价值，而另一位先生认为圣公会有价值。他们的引力密切相关但又不尽相同，这导致他们打乱彼此的轨道，在价值等级间造成紧张的氛围，挑战对方的身份，随之产生的消极情绪让他们渐行渐远，使他们的事业陷入歧途。

"我宣布，这种情感引力，是人类所有冲突和探索的根本成因。"

接着，牛顿拿出了另一张纸，画了一系列不同大小的圆圈。他写道：

"我们坚持某种价值观的信念越强，我们就越确定一种事物相较其他事物更具有某种特质。引力越强，轨道就越稳定，外界力量就越难破坏它的路径和意志。[31]

"在我们最重要的价值观上，我们要求别人要么认同要么反对。拥有相同价值观的人越多，这些人就越能聚集到一起，并围绕着该价值观形成一个单一且一致的集合体：科学家与科学家，神职人员与神职人员。喜欢同一件事的人会互相喜欢，讨厌同一件事的人也会互相喜欢，而喜欢或者讨厌不同事物的人们会互相讨厌。所有的人类社会最终都会通过聚集和遵从一定准则而变成多个有着共同价值等级的群体——人们走到一起，改变并修正他们自己的小故事，直到所有故事都变成一个样，那时，个人的身份就成了群体的身份。

"现在你可能会问：'天啊，牛顿！难道不是很多人本来就有着相同的价值观吗？难道大多数人不是仅仅想要一点吃的和一个可以休息的地方就够了吗？'

"对于这句话，我会说，朋友，你是正确的！人们的相似之处比不同之处要多。在生活中，我们都或多或少想要得到同样的东西。但是，那些细微的差别会产生情感，而情感会产生重要性。因此，从比例上来说，差异感觉起来比共同点更重要。这就是人类真正的悲哀了，我们注定要因为细微的差别而一直在彼此间发生冲突。[32]

"这种情感引力理论，相似价值观之间的连贯性和吸引力，解释了人类的历史。[33]世界的不同地区有不同的地理特征。一个地区可能是贫瘠而崎岖的，可以很好地抵御入侵者，那里的人们便会自然地崇尚中立及遗世独立，这逐渐成了这个群体的身份。另外一个地区可能有充足的美食和佳酿，这里的人们便热情好客，喜欢节日，看重家庭，这也会成为他们的身份。还有一个地区可能气候干旱，不宜生存，但是由于土地开阔，可以去到许多遥远的地方，那里的人们便崇尚权威、强大的军事领导力和绝对统治权，这同样会成为他们的身份。

"就像个人通过信仰、合理化和偏见来保护自己的身份一样，社群、部落和民族也以同样的方式来保护族群的身份。这些文化最终固化成了国家的一部分，并且不断扩张，使越来越多的人聚集在价值观这把大伞下面。最终，这些国家会相遇，而彼此矛盾的价值观会互相碰撞。

"大多数人，相较他们自身，更重视自己的文化和群体的价值。因此，许多人愿意为自己的最高价值而死——为他们的家人、爱人、国家。因为人们愿意为自己的价值观而死，所以文化碰撞将不可避免地导致战争。

"战争不过是这个星球上对希望的考试。当国家和人民采纳的价值观可以最大限度地利用资源、让人们觉得有希望时，这样的国家和人民就毫无疑问会成为战争的胜利者。一个国家征服的邻国越多，这个国家的人民就越觉得他们应当拥有统治其他人的权力，他们就越会把自己国家的价值观视作整个人类真正的指导思想。战争胜利者的价值观的至高无上地位得以延续，而后被写下来，成为历史的一部分，并作为故事不断重述，希望也就这样被传递给后代。最终，当这些价值观不再有效时，曾经的胜利者会输给另一个国家和它的价值观，历史将会继续，而新的时代也将会展开。

"我宣布，这就是人类进步的方式。"

牛顿写完了。他将写有三大情感定律和情感引力理论的稿纸堆到一起，然后停下笔，思考自己的发现。

在那安静的、黑暗的时刻，艾萨克·牛顿看着纸上的圆圈，突然有了个沮丧的发现：他自己并没有轨道。因为多年的创伤和失败的人际关系，他有意识地将自己和所有人与事分隔开，他就像一颗沿着自己轨迹飞翔的孤星，不受任何引力系统的影响。

他意识到自己不珍视任何人，甚至不珍视自我。这给他带来了难以抵抗的孤独和悲伤，因为没有任何逻辑和计算能力能够化解他的感性大脑永无止境地在世界上寻找希望的那份绝望。

我很想告诉你，这位平行宇宙中的牛顿，即情感牛顿，最终克服了他的悲伤和孤独。我很想告诉你，他学会了珍视自己与他人。但就像我们宇宙的艾萨克·牛顿一样，平行宇宙的牛顿会独自度过余生，脾气暴躁，痛苦不堪。

在 1665 年夏天，两个牛顿分别回答了世世代代困扰着哲学家和科学家的问题。在短短几个月内，两个坏脾气、讨厌社交的二十五岁孩子就揭开了宇宙和人生的谜底，破解了密码。然而，他们把自己的发现扔到了狭小书房的一个被遗忘的角落，在一个位于伦敦北部、距离伦敦一天车程之遥的偏僻村庄。

那些发现就这样藏在世界的角落里，积满了灰尘。

第四章　梦想成真速成班

本章故事纯属虚构。

想象一下，现在是深夜两点，你窝在沙发里，昏昏欲睡地盯着电视机。你也不知道这是为什么，或许是惯性使然，继续坐在这里看电视，似乎比站起来走到床前更容易。

这正是我想要说的：在面对命运时，你感到麻木不仁，迷失自我，完全被动。如果第二天有重要的事情要做，没人会深夜两点还在看电视。如果不是正经历着某种希望危机，没人会挣扎了好几个小时都不能从沙发上起来。

现在，我想和你谈谈这场危机。

我精神抖擞地出现在你的电视屏幕上。电视机的图像鲜艳、音效俗气、声音也很大，显得我好像在大喊大叫。但我的笑容很轻松、很治愈，好像我正在与你单独交流。

我说："如果告诉你，我可以帮你解决所有的问题，你会怎么想？"

你又恼怒又不耐烦地暗暗想道："你连我一半的问题都解决不了。"

"如果告诉你，我能帮你实现所有的梦想呢？"

"没人能帮我。"你条件反射地告诉自己，并惊讶于这个回答来得多么自然。

"我知道你是怎么想的。"我说，"我也曾像你一样迷失自我，孤立无助，无缘无故地在深夜睡不着觉，想知道自己出了什么问题。想知道存在于我自身和梦想之间的那股无形的力量究竟是什么。我知道，你现在也感到失去了一些东西，但是不知道失去了什么。"

其实，我这么说，是因为每个人都有过这些感受，这就是人类生存的现状。我们所有人都感到无能为力，无法与我们的存在所带来的"原罪"和平共处。我们所有人都承受过不同程度的痛苦和折磨，尤其是在年轻的时候。我们后来要花上一辈子的时间试图抚平这些痛苦。

在事情进展不顺利时，我们或多或少会对生活感到绝望。但就像大多数挣扎中的人一样，你深陷在自己的痛苦之中，却忘记了痛苦是多么寻常。你的挣扎并不是独一无二的——相反，挣扎是普遍的。正因为已经忘记了这一点，你才觉得我好像在直接与你对话，仿佛我正凭借某种神奇的力量凝视你的灵魂，读着你内心的想法。于是，你坐直身体，留神倾听。

我继续道："我了解你，所以可以解决你所有的问题，还能让你所有的梦想成真。"接着我用手指着你，我的手在电视屏幕上看起来硕大无比："我拥有所有的答案，我有获得永久幸福的秘密……"

我的话太古怪、太荒谬了，让你认为这些可能是真的。因为你想要相信我，也需要相信我，所以你的理性大脑逐渐得出结论：我的想法真是太疯狂了，可能反而会管用。

"寻找意义"的这种存在主义需求击溃了你的心理防线，让我乘虚而入。毕竟，我已经显示出对你的痛苦有种神秘的了解，我可以进入你不为人知的真实世界，知道你心灵深处的层层脉络。在我的高声吼叫中，你意识到我曾经过得像你一样糟，但最后还是找到了出路，所以你应该跟我来。

摄像机不断切换着角度，镜头有时在我的侧面，有时在我的正面。突然，我的面前出现了一大批观众，他们被我说的每个词深深触动着，一个女人泣不成声，一个男人吃惊得下巴都快掉下来了。我继续滔滔不绝："我正在开办一个梦想成真速成班，能帮你解决所有问题，给你永久的满足，填补一切鸿沟和空洞。你只需要以超低价格注册会员，就能得到我全方位的帮助。幸福对你来说值多少钱？希望对你来说值多少钱？赶快行动吧！"

听到这里，你抓起手机，打开网站链接，输入了一串数字。

现在，真理、救赎和永久的幸福都是你的了。它们正朝你迎面走来，你准备好了吗？

课程预习：你是"创造者"

欢迎来到我的梦想成真速成班，恭喜你迈出了实现所有梦想的第一步！

你将在这里学到一套行之有效的方法。我保证，到本课程结束时，你一定能解决人生中的所有问题，过上充实而自由的生活，身边全都是爱着你的人。如果无效，全额退款。

课程非常简单，任何人都可以完成。无须任何教育背景或者资格证书，你所需要的只是互联网和一个能正常使用的键盘，唯一要做的就是创立一个自己的"个人宗教"。

是的，你没听错，你将成为"创造者"，并从成千上万不问缘由就忠心耿耿的粉丝中获益。他们会无条件地崇拜你，给你昂贵的礼物，在各个社交媒体上给你点赞，你甚至都不知道该怎么利用他们。

课程包括：

建立信仰体系。你希望自己的"个人宗教"是精神型的还是世俗型的？关注过去还是未来？我将帮你准确定位。

找到第一批粉丝。你希望自己的粉丝是什么样的人？富人？穷人？男人？女人？素食主义者？我知道哪种人最适合你。

仪式感！仪式感！仪式感！站在那里，把这个念一遍，鞠躬，跪下，拍手，再转过来……创立"个人宗教"的过程中，最令人愉悦的部分就是想出一些愚蠢的东西，并让追随者们认为这些东西具有某种重要含义。我将告诉你怎样开发出最时髦、最酷炫的仪式，所有的追随者都会谈论它，因为他们必将执行。

挑选替罪羊。如果没有一个共同的对头来投射追随者们内心的动荡，你的"个人宗教"就会变得不稳固。生活的确一团糟，但是如果可以怪罪到别人身上，人们就不需要处理自身的问题。没错，你会学到如何挑选出这么一个倒霉蛋，并说服你的追随者们去仇恨他。没有什么比仇敌更能团结我们。

每个人都需要通过社群来建立希望，当你召集到足够多拥有相同价值观的人时，他们作为集体的行为方式将与他们独处时截然不同。他们的希望在某种网络效应中得到放大，成为一个组织的一员所带来的社会认同感将劫持他们的理性大脑，并让感性大脑放肆起来。[1]

你的"个人宗教"能将一群人聚集到一起，让他们互相认可，并且感到自己的重要性。这里有一个心照不宣的协议：如果因为共同的目标而团结在一起，那我们就会觉得自己有价值，那个令人不适的真相就会离我们很远。[2]这能带来巨大的心理满足感。

人都是非理性的，而且很容易被暗示。讽刺的是，只有身在个体没有控制权的集体环境中，一个人才会感到自己有完美的自我控制。

但是，让感性大脑放肆起来也是危险的，因为群体通常倾向于做一些非常冲动的、不够理智的事情。身在群体中，人们

一方面会感到完整，感到被理解和被爱，另一方面，有时也会
行为失控。[3]

本课程将带你详细了解创立"个人宗教"的所有细节，这样，
你就可以从成千上万的忠诚粉丝那里有所收获。让我们开始吧。

第一课：找粉丝

2005 年，那时我还是马萨诸塞州波士顿市的一名大学生。
一个阳光明媚、不冷也不热的早晨，我正在去上课的路上，边走
边专心想着自己的事。

这时我看到了一群自称"拉罗奇青年运动"成员的人，他
们正站在校园周围，向没什么社会经验的大学生分发传单和小
册子。那时我花了好几秒钟才弄清楚他们到底是什么：一种
"个人宗教"。

没错，他们是一种反资本主义、反老年人、反传统的"个人
宗教"。他们认为，国际秩序从上到下都是腐败的，好战的领导
人之所以鼓吹战争，只是因为他想要自己的朋友们赚更多钱。

这类组织的所作所为太聪明了！首先找到心怀不满又烦躁的
大学生，通常是年轻的男生，他们不过是一群孩子，既对成年后
不得不面对的妥协和失望感到愤怒，又因为突然被迫承担的社会
责任而害怕。其次向他们传达一条简单的信息：这不是你的错。

年轻人，你觉得这是爸爸妈妈的错，但不是。你认为这是糟

糟的教授和过分昂贵的大学教育的错，但也不是。你甚至可能想过是哪个政府的错，有点接近，但仍然不是。

告诉你吧，这是"体制"的错，就是你一直听说的那个宏大而模糊的概念。

这就是那天我在路上遇到的那个组织所贩卖的信仰：如果我们可以推翻某个现行体制，那一切都会变好，没有战争，没有痛苦，没有不公平。

为了拥有希望，我们需要感觉到远方有一个更好的未来（价值观），需要感觉到自己有能力迈向那个更好的未来（控制感），还需要找到其他有同样价值观且支持我们的人（社群）。

刚刚成年的那段时间，是许多人为了价值观、控制感和融入社群而苦苦挣扎的日子。

首先是价值观。孩子们生平第一次有机会决定自己想要成为什么样的人。要当医生吗？要选择商科吗？要研究心理学吗？选择的多样化可能会令人崩溃，不可避免的挫败感导致许多年轻人开始质疑自己的价值观，并在后来失去希望。

年轻人也在同自我控制做斗争。[4] 他们平生第一次没有被权威人物全天候地监视着。一方面，这让他们体会了解放的兴奋感，另一方面，他们现在也要为自己的决定负责了。如果没有准时起床去上课或者工作，如果没有花足够的时间学习，那他们此时就必须艰难地承认这并不怪别人，只能怪自己。

另外，年轻人特别沉迷于寻找社群并融入其中。[5] 这不仅对他们的情感发展十分重要，还能帮助他们确定并巩固自己的身份。[6]

我碰到的那类组织很会利用迷失自我、毫无目标的年轻人：先是给出一种解释，让他们对自我的不满意变得合理；然后阐述一种所谓"可以改变世界的方法"，让他们产生拥有力量感和自我控制的错觉；最后给他们一个社群，让他们可以融入其中，了解自己是什么样的人。

通过这整套方式，他们给了年轻人希望。

那天，我指着宣传册子上胡说八道的文案发问："你们不觉得这有点儿过头了吗？"

"绝不，我还觉得这远远不够呢！"其中一个人回答道，"你参与了这个体制，就支持了它一直存在下去，"这个家伙继续说道，"因此，你就成了谋杀世界各地无辜平民的罪人的同谋。来，看看这个。"他把另一本小册子推过来。我瞥了一眼就还了回去。

我们的"讨论"就像这样持续了几分钟。那时，我的认知还没有完善，仍然认为这类事情是关于道理和证据的，而不是关于情感和价值观的。那时我也不知道价值观不会因为道理而改变，只会因为经历而改变。

最终，我受够了也气极了，于是决定离开。在我抬脚走开时，那个家伙试图让我报名参加一个免费研讨会："哥们儿，你需要有一颗开放的心，真相是残酷的。"

我回头看了他一眼，用在网络论坛上读到的卡尔·萨根的名言回答了他："你的思想太过开放，脑子都掉出来了！"

我觉得自己很聪明，为自己感到得意。我想他也觉得自己很聪明，为他自己感到得意。那一天，没有人改变了想法。

现实情况越糟糕，人们就越容易受到他人影响。[7]如果生活分崩离析，就意味着旧的价值观没用了，我们要在黑暗中寻求新的价值观。如今，吸引这种绝望的人比以往任何时候都更容易：只需要一个社交媒体账号即可，先发布几句疯狂的胡话，剩下的工作统统由算法来完成。你的帖子越疯狂，就越能吸引注意力。绝望之人会涌向你，就像苍蝇飞向牛粪那样自然。

但你不能只是上网随便说点什么，你必须给出合乎逻辑的观点，还必须要有远见。因为，单单激怒别人、让他们没由来地生气很容易，但要想获得希望，人们必须感到自己是一股宏大潮流中的一部分，感到自己即将加入历史上胜利的一方。

为此，你必须要给他们信仰。

第二课：立规矩

人都必须相信某件事，没有信仰，就没有希望。

因为希望是基于未来的，想拥有它，你必须依靠某种程度上的信仰来相信某件事在未来仍会发生。[8]你偿还房贷是因为相信钱是真的、信用记录是真的、拿走你所有钱的银行是真的。你告诉孩子要做家庭作业，是因为相信教育是重要的，会让孩子们成为更快乐、更健康的成年人；你相信幸福真实存在，所以努力向上攀登；你相信活得久是件好事，所以努力保证自己的安全和健康；你相信爱很重要，工作很重要，所有的一切都很重要。

因为有了信仰，于是有些事情开始变得很重要，即使你是虚无主义者也无法否认这一点。

因此，一切皆为信仰。[9]

问题是：你的信仰是什么？你选择相信什么？

无论感性大脑把什么作为最高价值，这个在价值等级塔尖上的存在，就成了我们解释其他所有价值的度量衡。比如，有些人的最高价值是金钱，他们就会从金钱的角度看其他事物（家庭、爱情、声望），认为家人只有在他们有钱的时候才会表达爱意，认为所有的冲突、挫折、嫉妒、焦虑都是因金钱而起。[10]有些人的最高价值是爱，他们就通过爱的角度看其他事物，并反对任何形式的冲突，反对任何会导致分离或者分裂的东西。

有一种人的最高价值是他们自己，或者更确切地说，是他们自己的兴趣和力量，这就是自恋。[11]这些人相信自己的优越性，相信自己应该得到很多东西。

也有一种人的最高价值是他人，这通常被称为"关系成瘾"。[12]这种人从与另一个人的联系中获得希望，并为此牺牲了自己和自己的利益。他们将所有的行为、决定和信念都建立在取悦另一个人的基础上，那个人就像只属于他们的小小的神。这通常会导致和自恋者之间的一段糟透了的关系。毕竟，自恋者的最高价值是自己，而关系成瘾的人的最高价值是修正和拯救自恋者，所以一切都会变得非常病态。

所有的"个人宗教"都必须有一个基于信仰的最高价值，不管这个最高价值是什么。可以是崇拜猫、呼吁较低的税率、坚决不让你的孩子离家一步……什么都行。基于信仰的价值可以带来你心目中最好的未来，所以也可以带来最多的希望。我们让生活中的其他价值都围绕着最高价值运转，并寻找能够体现这种价值的活动和支持这种价值的想法，最重要的是，找一个秉持这种价值的社群。

读到现在，一些更有科学头脑的读者开始举手，他们说有些事情被称为"事实"，有着充足的证据证明其存在，因此我们不需要信仰也可以知道这些事情是真实的。

说得有道理，但是有个问题：证据这东西改变不了任何事。证据是理性大脑的产物，而价值观由感性大脑决定。价值观是主观的、随心所欲的，你无法对其进行验证。因此，你可以争论事实直到脸色发青，但是最终事实并不重要，因为人们会用价值观来解释一切。[13]

举个例子。如果有颗陨石落在一个城镇并害死了一半的居民，那当一个非常传统的人看待这件事时，就会说这是因为小镇上到处都是罪人。无神论者看待这件事时，会说这证明了上帝不存在，因为仁慈的上帝怎么会允许这种可怕的事情发生？享乐主义者认定这件事为开派对提供了更多的理由，因为我们随时都可能死亡。资本家则开始考虑如何投资陨石防御技术。

你看，价值观是何等重要。

我认为价值观是一种基于信仰的信念，因此所有希望、所有的"个人宗教"也都基于信仰。现在我会给出三种类型的"个人宗教"供你选择，而且每个类型都基于不同的最高价值：

精神类。这个类型从对超自然的信仰，或对存在于物质领域之外的事物的信仰中获得希望，在现世之外寻找更美好的未来。比如万物有灵论和希腊神话都是这一类型的例子。

思想体系类。这个类型发展出关于现世的信仰，并形成思想体系。比如，环保主义、素食主义，等等。

人际关系类。这个类型是从当下生活中的其他人那里获得希望，比如爱人、孩子、体育明星或者名人。

创建精神类是有高风险又有高回报的。在三种类别里面，它最需要通过强大的技巧和魅力来维持，不过它也能收获追随者最大限度的忠诚。如果你能创立成功，它将在你离世后还能一直延续下去。

思想体系类的创立难度适中。当然，你也是需要付出很多努力的，但是由于这一类别比较常见，因此在给予人们希望这一点上有大量的竞争者。思想体系通常被描述成一种文化趋势，但其实，很少有趋势可以维持几年或者几十年，只有它们中最好的才能延续几个世纪。

人际关系类的创立则更为简单，因为它极其普遍，差不多所有人都会在我们生命中的某个时刻，将自我价值完全交付给另一个人。这个类别有时被比作一种天真的青春期爱情，你必须要经历一些糟糕的事情才能长大。

下面，我就来对这三种类型逐一进行讲解。

精神类。从早期文化中的上古神灵，再到今天仍然存在的一神论，人类历史上的大部分时期都存在着对超自然力量的信仰。这种信仰中最重要的部分，是希望今生今世的某些行为和信念能带给人们来世的回报。

对下一世人生的关注之所以形成，是因为历史上很多事情都被彻底搞砸过，以至于不少人对从物质或者身体上改善自己的生活不再寄予希望。

这个类别具有令人难以置信的韧性，可以持续数百年甚至数千年。这是因为超自然的信念永远无法被证明真伪，一旦成为某人的最高价值，就几乎不可能被消除。

思想体系类。这个类别通过建立一系列信仰来产生希望，这些信仰认为，某些行动只有在被一定数量的人接受之后，才能产生更好的结果。与精神类不同，思想体系可以在不同程度上得到验证。你可以在理论层面进行测试，比如推理出中央银行是让金融体系更稳定还是更不稳定，教育是否使人们相互攻击的频率降低，等等。但在某种程度上，大多数思想体系的维持仍然依靠信仰。原因有两个：首先，有些事情很难、甚至不能被测试和验证；其次，许多思想体系的存在依赖于每个人都对同一事物抱有信仰，比如一个人无法科学地证明金钱具有内在价值，但是我们都相信它有，所以它就有。[14]

为什么会这样？因为人类倾向于只得到一点点证据就加以利用，最后用几个简单的想法来概括人类和地球。这是自恋在作祟。为了创造出自己的重要性，我们的感性大脑会横冲直撞，因此，即使某些思想体系需要证据和验证，我们也不是很擅长验证它们。[15] 人类作为一个整体是如此庞大和复杂，以至于我们的大脑很难将其全部考量进去，变量太多了。于是，理性大脑不可避免地会采取简单粗暴的方式来维持一些卑劣的信念，诸如种族主义或性别主义之类不好的思想体系之所以存在是因为人们的无知。人们坚持相信这些不好的思想，因为它们为信徒提供了一定程度上的希望，这真可悲。

思想体系类的创立很难起步，但它比精神类更为普遍。你所要做的就是找到一个听起来合理的解释，说明为什么有些事被搞砸了，然后以一种会给人带来希望的方式将这个解释在人群中广泛地推演开来。如果你已经二十多岁了，那么你肯定看到过好几次这种情况。仅在我的一生中，就出现了多次类似支持进行干细胞研究之类的运动。

人际关系类。每个星期日，数百万人聚集起来，盯着同一片画有白线的空旷的绿色场地，他们都相信（或者信仰）这些白色线条有着重要的意义。然后，几十个强壮的男人（或女人）踏上这片场地，排列成看似随意的阵型，或手投或脚踢一个皮革制品。几百万人中的一部分会欢呼着喊加油，另一部分会感到非常沮丧，这都取决于那块皮革玩意在什么时间往哪儿去。

体育是为了带来希望而设计的主观价值等级。在这里击球，你就赢了！把球踢到那儿，你就输了！体育能神化某些人，也能妖魔化某些人。泰德·威廉姆斯是有史以来最好的棒球击球手，因此有些人把他视为偶像和榜样，说他是英雄。而有的运动员因为没能达到目标、浪费了才华，或者让粉丝失望而被妖魔化。[16]

人际关系类的"个人宗教"能创造希望，使我们相信某个人（或某群人）比其他所有人更优越，某个人将带来拯救和幸福。许多这一类别的"个人宗教"都是围绕着一个明星发展起来的：有魅力的名人似乎了解大众经历过的所有事情，在大众的眼中，他基本等同于最高价值；为了迎合这位明星的好恶，大众过滤掉了自己的是非观。

一般来说，粉丝圈是一种低级别的人际关系类"个人宗教"。粉丝们会追踪偶像所做的一切，会记住偶像说的每句话，并认为他们是神圣的、正义的。崇拜某个偶像，给了粉丝们对美好未来的希望，哪怕这个希望只是一部电影、一首歌曲这样简单的东西。

这个类别中最重要的是家庭和爱情。在这些关系中，你相信什么、怀有怎样的情感，本质上是会发展变化的，但它们都基于信仰。比如，配对和互惠利他就是为情感依恋而存在的两种信仰。每个家庭都是一个小型社群，一些人出于信仰，相信加入这个团体将给生活带来意义、希望和救赎。当然了，浪漫的爱情在某种意义上是精神体验。[17]当迷恋上了某个人时，我们就失去了自我，会创造出各种故事来解释这段关系在宇宙中的重要性。

你看，"个人宗教"是与情感依恋相关的，而建立依恋的最佳方法是让人们停止批判性思考。

第三课：给我闭嘴

现在，你那刚起步的"个人宗教"有了其信仰的核心宗旨，这时你还需要找到一种方法来保护这个信仰，使它免于遭受不可避免的批评。这其中的诀窍是建立一种可以自我强化的"我们与他们之间的对立"，也就是让人相信"我们"与"他们"之间有所区别，让任何批评或质疑"我们"的人立即成为"他们"。

这听起来很困难，但实际上很容易，比如可以这样做：

- 如果你不支持某项活动，那就是反对它。
- 任何批评女权主义的人都是性别歧视者。
- 任何批评领导的人都是叛徒。
- 任何认为科比·布莱恩特比迈克尔·乔丹更厉害的人都不了解篮球，因此，他们对篮球的任何看法都不算数。

建立这些错误的"我们与他们之间的对立"，主要是为了在你的追随者开始质疑之前，将所有推理或讨论都搁在一边。还有另一个好处：你可以始终提醒信徒们那个共同对头的存在。

共同的对头非常重要。我们都希望生活在一个美好又和平的世界中，但是老实说，这样的世界维持不了几分钟。共同的对头给你的"个人宗教"带来统一。不论是否合理，为了维持希望，我们必须把自己的痛苦怪罪在某个替罪羊身上。[18]"我们与他们之间的对立"给了大家那个渴望已久的替罪羊。

创立"个人宗教"时，你只能很简单地向追随者阐述想法。有些人可以理解这种想法，但有些人没办法理解。这怎么办呢？很简单，告诉他们，能够理解的人将拯救世界，无法理解的人会毁灭世界，这就够了。你所阐述的想法取决于你想兜售的信仰——环保主义、无麸质饮食、间歇性断食、在高压舱内睡觉或者以吃冰棍为生，等等。请记住，人们本能地想要感觉到自己好像在参加一场正义之战，想要相信自己是代表正义、真理和救赎的圣斗士。所以，你要让他们感到自己是正义的，正在推动正义的大业继续发展。

第四课：仪式感！

为什么要创造仪式感？因为你可以借此告诉每一个信徒：你是"我们"中的一员，你应该这样做。

着装就是一种简单可行的仪式。具备仪式感的着装有很多，就拿长袍来说，你是否曾经注意过，在生命中最重要的时刻里总会有人穿着长袍？比如婚礼、毕业典礼、葬礼、法庭听证会、开胸手术……

我第一次注意到长袍的存在是在大学毕业时。那天我只睡了大约三个小时，还有些宿醉，跌跌撞撞地走到座位上坐好，准备迎接学位颁授典礼。这时我环顾四周，哇，真壮观！自从不再去教堂以来，我从未见过一个地方聚集着这么多穿长袍的人。然后我低下头，惊恐地发现自己也是其中一员。

长袍是一种显示状态和重要性的视觉提示，是仪式的一部分。我们需要仪式，它使价值观变得有形。你不能仅通过相信就重视一件事物，还必须亲身经历、有所体验。

使他人产生经历和体验价值观的方法之一，就是为他们穿上特别的衣服，让他们说一些听起来很重要的话语——简而言之，为他们创造某种仪式。仪式是对我们认为重要事物视觉化和体验化的表现方式。

记住，情感就是行动，这两者是相通的。因此，想要更改感性大脑的价值等级，你需要让人们做一些独特、可识别并且易于重复的动作，也就是需要仪式。

仪式必须能够在很长一段时间里反复使用，这会使它显得很重要，毕竟日常生活中很少有机会和五百年前的人们做相同的事情。仪式要有象征意义，最好还能蕴含一些故事。

仪式随处可见。一个球队会为纪念自己的成立和打赢过的比赛而创造仪式。我们在节日的庆祝队伍里挥舞旗帜、点燃焰火，每个人都觉得这些行为代表了生活中有价值的事物。夫妇们创造自己的小小仪式，比如只有他们才能明白的笑话，以此提醒两人关系的价值。

仪式能将我们与过去联系起来、与价值观联系起来，并帮助我们确认自己究竟是谁。

仪式通常和牺牲有关。从前的部落酋长真的会在祭坛上杀人，甚至撕裂那些人仍然在跳动的心脏。人们尖叫着，打着鼓，做着各种各样疯狂的事情。[19]

牺牲的目的是帮助消解罪恶，因为人类实际上是由罪恶感驱动的动物。假设你捡到了一个钱包，里面有一百美元，但是没有身份证，也没有钱包主人的任何其他信息，周围没有人，你也不知道该如何找到钱包主人，于是你就把它留了下来。牛顿第一情感定律指出，每一个动作都会产生大小相等、方向相反的情绪反应。现在，你遇到了这么一桩"好事"，并且觉得自己配不上它，罪恶感就由此产生了。

你存在于这个世界上，却没有做任何事来配得上自己的存在。你甚至都不知道自己为什么能活着，为什么得到了生命的恩赐！你究竟要做什么才配得上活在世上呢？你该如何生活才能无愧今生呢？

这些关于人类生存的问题一直存在，却没人能回答。这就是为什么人类意识中存在着固有的罪恶感。

大多数仪式都是为了减轻罪恶感而开发的，而牺牲是解决负罪感的办法。尤其在人际关系类的"个人宗教"中，自我牺牲会产生浪漫和忠诚感。比如婚姻，其实就是你站在祭坛前，保证将自己的生命献给另一个人。我们此生都在怀疑自己是否值得被爱，而各种各样的仪式和牺牲，都是旨在使人们感受到自己值得被爱。戒指、礼物、周年纪念日……这些微小的事情累积在一起就成了一桩大事。

第五课：给承诺

现在，你已经在创立自己的"个人宗教"这件事上走了这么远，身边一定聚集了一大群绝望的人，他们研究着你编出来的一大堆胡话，无视自己的家人、让朋友们滚蛋，认为这样做就能躲避令人不适的真相。

现在，该认真起来了。

创立"个人宗教"的"美丽"之处在于，你对信徒承诺得越多，他们无法兑现这些承诺的可能性就越大，也就越自责、越觉得愧疚。于是，他们就越发会去做任何你告诉他们的事情，想以此来弥补。

传销在这方面很擅长。你把钱给了一个卑鄙的人，从他那里买了些你原来不想要也不需要的产品。在接下来的三个月里，你拼命让别人加入这个团伙，让他们做你的下线，从你那里买没人想要或者需要的产品，之后再卖给别人。

然而你并没有意识到一个再明显不过的事实：那些产品是一个大骗子抛出的诱饵，而你却上了钩，并把诱饵抛给下一个骗子，让他制造更多的骗局。相反，你不断责怪自己：看，金字塔顶端的那个人有一辆法拉利，我为什么没有呢？问题显然出在自己身上，不是吗？

后来，那个有法拉利的家伙慷慨地举办了一个研讨会，让你把更多没人想要的垃圾卖给愿意继续销售这些产品的人。这种研讨会中的大部分时间都用来让你变得"自信"。有音乐，有口号，有一种"我们与他们之间的对立"。你从研讨会出来,激励使你充满动力,但还是不知道该怎么卖东西,特别是卖这些没有人想要的垃圾。可是你并没有对自己身处的金钱至上的群体感到生气,而是对自己感到生气。你责怪自己未能实现这个群体所提倡的最高价值,不管那种最高价值有多么不明智。

同样的循环在各种情境下都能发挥作用:健身和节食计划、学术研讨会、财务计划、在假期拜访奶奶……这些情境中的逻辑始终是相同的:你做得越多,就越会被告知要坚持下去,直至最终体会到你所期待的满足——然而这种满足永远不会到来。

人类的痛苦就像一场打地鼠游戏,你每消除掉一种痛苦时,另外一种就会出现,你越猛烈地击打它们,它们弹回来的速度就越快。痛苦可能会缓解,可能会改变,可能会不像上次那么有灾难性,但是它永远存在,它是我们的一部分。[20] 这就是人生。

许多创建"个人宗教"的人都赚到了钱,因为他们声称能将你从打地鼠游戏的痛苦中彻底解脱出来,但实际上,这样的痛苦没有尽头。那些最浑蛋的创立者反而存在得最久,就是因为他们不承认这一切都是一种操纵,不承认人类就是能够制造痛苦,他们会为你输掉了打地鼠游戏而责备你,或者责备某些"别人"——而你要是加入了他们,就可以灭掉"别人",最终就不用承受痛苦了。[21] 但这样做起不到任何作用,只是把一个群体的痛苦转移到另一个群体身上,并且放大了痛苦本身。

说真的,如果真有人能够解决你所有的问题,那他自己很快也会被"解决"掉的。主导者需要让自己的追随者永远都不如意，如果一切都完美无缺，那么就没有理由追随任何人了。没有什么会让你一直都觉得幸福和平，真正的平等永远无法实现，总会有什么东西在什么地方被搞砸。真正的自由并不存在，因为所有人都必须牺牲一些自主权以保持稳定。无论你多么爱这个世界，或者这个世界多么爱你，你内心深处因为存在而带来的罪恶感永远都不会消失。生活中的每件事都不会尽如人意，以前是这样，未来也是这样，没有解决方案，只有权宜之计，只能永远"逐步改进"。不要再逃离现实了，我们要拥抱现实。[22]

这就是我们该死的世界，我们就是其中的一员。

课程总结：唯一能摧毁梦想的事情就是实现梦想

也许这整个"创立个人宗教"的事情会让你在椅子上不安地动来动去。不必如此，其实你现在可以肯定地说你已经身在某个人的"宗教"之中了。你正在践行某些团体的信仰和价值观，你参加了一些仪式并做了牺牲，你画出了"我们与他们"的分界线，并在思想上把自己和他人分隔开。我们所有人都在这么做。对社群产生的群体行为和对社群本身的渴望是人性的基本组成部分，[23] 不接纳它们是不可能的。如果你认为自己能用逻辑和判断力来超越这一切，那我要抱歉地说，你错了，你不过是我们所有人中的普通一员。[24] 你也许知识渊博且受过良好教育，但仍属于芸芸众生。[25]

我们都必须对某事有信心，必须在某处找到价值。这是我们在心理上得以生存和发展的方式，也是我们找到希望的方式。即使你有一个关于美好未来的愿景，也很难独自走下去。为了实现梦想，我们需要一个能支持自己的社群，从而得到情感方面的后勤保障。

世界上所有的价值观都处在一种物竞天择的状态中，正是这种竞争推动了人类前进。各个社群在世界上争夺资源，最有可能获胜的是那些善于有效利用劳动力和资本的社群。后来越来越多的人开始采用这些获胜社群的价值观，因为它们向追随者们展示了最大的价值。最后，这些胜利的社群稳定下来，成为文化的基础。[26]

但这正是问题所在：每一次胜利后，获胜一方都能将其信息传播到远方，成为人类情感的主宰者，而在这个过程中，价值观会发生变化，其最高价值不再包含最初成立时的那些原则。慢慢地，它的最高价值变成了保存社群本身：不要失去已经赢来的东西。

纵观历史，总是有新的社群崛起并征服原本的社群。然后，整个过程再次开始。

从这个意义上说，成功在许多方面远比失败更危险。你获得的越多，可能输掉的就越多，维持希望就越困难。你会看到，自己对于一个完美未来的美好愿景并不是那么完美，你的梦想和愿望本身就充满了意料之外的缺陷和无法预测的牺牲。

记住，唯一能够真正摧毁梦想的事情就是实现梦想。

第五章　去他的希望

19 世纪末的一个夏天，瑞士的阿尔卑斯山地区气候宜人，风景秀丽。一位与世隔绝、因为深邃思想和睿智头脑而自命不凡的哲学家从山顶走下来。

同时，他也从自己思想的山顶走了下来：他用自己的钱出了一本书，作为给人类的礼物。这本书勇敢地伫立在现代社会的大门口，让这位哲学家在离世后依然英名流传。

这本书宣布：上帝已死。而这一死亡预示着一个新的危险时代的到来，这个时代将挑战全人类。

这位哲学家把这些话作为对世人的警告。他就像一位守护者，说的每句话都是为了我们所有人。

然而，这本书只卖了不到四十本。[1]

梅塔·冯·萨利斯在黎明前醒来，生火烧水，好为这位哲学家泡茶。因为哲学家觉得关节疼痛，她拿来冰块为他降温。她把昨天晚餐的骨头挑拣出来，开始炖汤，以抚慰哲学家的肠胃，还手洗了他的脏床单。再过一会儿，哲学家就会让她给自己打理头发、修剪胡子，这时她意识到自己忘了拿一个新的剃刀过来。

这是梅塔照料弗里德里希·尼采的第三个夏天，她觉得这很可能是最后一个了。她像爱着自己的兄弟那样爱着尼采（当一个共同的朋友建议他们结婚时，他们俩都大笑起来，觉得这有些恶心），不过此时，梅塔觉得自己的善意也快被消耗光了。

她是在一个晚宴上遇到尼采的。她听尼采弹钢琴，听他和老朋友、作曲家理查德·瓦格纳讲笑话和他自己的生活趣事。尼采本人温和有礼，是一位深情款款的倾听者，这与他在写作中表现出来的风格完全不同。他很喜欢诗歌，可以背诵许多诗。他会坐下来花上几个小时玩字谜游戏、唱歌、讲笑话。

尼采的聪慧令人陶醉。他的头脑敏锐，用区区几个字就可以让沉闷的房间焕发生机。他一句接一句地说着后来举世闻名的名言警句，就像人们天冷的时候呼出雾气一样简单。"侈谈自我，也可能是一种隐匿自我的手段。"他时常不由自主地说上这么一句，这时全场就会立刻鸦雀无声。[2]

梅塔在尼采面前总是说不出话来。这并不是因为她不堪情感的重负，而是因为她的思想似乎总是落后尼采几步之遥，需要花一点时间才能赶上。

但梅塔的学问不是假的，她可是那个时代的知识大牛。梅塔是瑞士第一位获得博士学位的女性，还是引领世界的女权作家和活动家之一。她能流利地说四种语言，并在欧洲各地发表文章为女性争取权利——这个想法在当时很激进。她去过很多地方，见识广博，也非常聪明，只是有些固执。[3] 当她偶然读到尼采的作品时，就觉得自己终于找到了一个可以将妇女解放这一思想带给全世界的人。

尼采是一个要求为个人赋权、让个体承担重大责任的人。他相信个人才智比什么都重要，认为人们不仅应该有机会发挥自己的全部潜能，还有责任不断锤炼以实现自我。梅塔则认为，使用尼采著作中的核心思想和概念框架，最终可以实现赋予女性权利的目的，并带领她们摆脱永久的奴役。

但问题在于尼采不是女权主义者，相反，他觉得关于妇女解放的想法是荒谬透顶的。不过这并没有让梅塔止步不前。尼采是一个理智的人，可以被说服，只需要让他意识到自己有偏见，并帮助他摆脱这种偏见就可以。

梅塔开始定期拜访尼采，不久他们就成为挚友和学术伙伴。他们一起在瑞士度过了夏天，在法国和意大利度过了冬天，去威尼斯旅行，之后回到了德国，接着又去了瑞士。

随着岁月的流逝，梅塔发现，在通透的眼睛和蓬大的胡须背后，尼采内心充满了矛盾。他既瘦削又虚弱，却执迷于书写力量。他完全依靠朋友（主要是女性）和家人的照顾和支持，却宣扬极端的责任感和自力更生。他咒骂那些薄情的评论家和学者，因为这些人或批评或拒绝阅读他的作品，却又吹嘘一时的不受欢迎只能证明自己才华横溢。他曾经公开说："我受到关注的时代还未到来，有些人就是在死后才得到重视的。"[4]

尼采身上有他自己讨厌的一切：虚弱，需要帮助，彻底依靠有能力的独立妇女并对她们着迷。然而在写作中，他鼓吹个人的力量和自力更生，并且是一个可悲的厌女者。他一生都依赖女性的照顾，这似乎让他无法看清女性真正具有的能力。他近乎一名预言家，但对女性的误读是他视野中一个明显的盲点。

如果有一座名人堂，专门纪念那些承受过巨大痛苦的人，我会提名尼采为首批入选者。他小时候就一直生病，医生把水蛭放在他的脖子和耳朵上，让他几个小时都不要动。[a] 他遗传了一种神经系统疾病，一生都因偏头痛而精神衰弱，最后在中年就发了疯。他对光也非常敏感，没有厚重的蓝色眼镜就无法出门。到了三十岁时，他几乎瞎了。

他年轻时参军，在普法战争中短暂地服过役。他在战争中染上了白喉和痢疾，几乎丧命。当时，人们对他采用了酸性灌肠疗法，结果破坏了消化道，所以在余生中他都忍受着剧烈的消化道疼痛，再也没办法吃大餐，有一段时间还大小便失禁。他当骑兵时受过伤，这使他身体有些部位活动不便，情况更糟糕的时候甚至动弹不得，经常要在别人的帮助下才能站起来。他每次生病都要在床上孤独地躺几个月，疼得连眼睛都睁不开，1880 年（他

---

a 欧洲人曾迷信水蛭能吮去人体内的病血。

后来称之为"糟糕的一年")中，他竟有 260 天卧床不起。由于需要冷热适宜的温度以防止关节疼痛，在人生大部分的时间里他都在不断迁徙，冬天待在法国海岸，夏天待在瑞士阿尔卑斯山地区。

梅塔很快发现，她并不是唯一一对这个男人着迷的知识女性。经常有女性成群结队而来，一次照顾尼采几周或者几个月。像梅塔一样，这些人也是那个时代的大牛。她们要么是教授，要么是有钱的地主或者企业家，受过教育，会说多种语言，而且非常独立。

她们是女权主义者，最早的女权主义者。

她们同样在尼采作品中看到了自由的信号。尼采写到社会结构如何限制了个体的发展，女权主义者也认为那个时代的社会结构禁锢了她们。尼采谴责教会奖励弱者和平庸的人，女权主义者也谴责教会强迫女性结婚并屈服于男人。尼采说个人必须赋予自己权力，并获得更高水平的自由和意识，这些女性也将女权主义视为实现更高程度自由的下一步。更加不凡的是，尼采敢于重述人类的历史，认为不是人类逃离并超越了自然，而是人类对自身所处的自然越来越无知。

尼采让这些女性们充满了希望，她们轮流照顾这个支离破碎、健康状况不断恶化的人，希望下本书、下一篇文章、下一场辩论可以成功引发一连串的变革，让社会放开限制。

但是在人生的大部分时光里，尼采的成果几乎被所有人忽视。

尼采声称上帝已死，这让他从失败的大学教授变成了被社会抛弃的人。他没有工作，无家可归。没人愿意跟他有任何关系，不管是大学、出版商，还是他的许多朋友。他四处讨钱，自费出版作品。他靠从母亲和姐姐那里借钱来生存，靠朋友来安排自己的生活。即使这样，他的书也很少有人愿意买。

尽管如此，这些女人仍然守在他身边。她们为他清理、给他喂食，甚至抱他。她们相信这个衰老的人深藏着可以改变历史的潜力。因此，她们继续等待着。

主人道德和奴隶道德

假设你将一群人放到一块资源有限的土地上，让他们从头开始创造文明，那么很可能发生这样的情况：有的人天生就比其他人更有优势。这些人要么更聪明，要么块头更大、更强壮，要么更有魅力，要么更友善、更容易与他人相处，要么做事更努力、能提出更好的想法。

天生具有优势的人将积累比其他人更多的资源，从而在这个新社会中拥有不成比例的权力，并且能够利用这种权力来获得更多的资源和优势，长此以往，富人会变得更富裕。经过足够长时间的世代经营，一个等级社会就会形成，顶层只有少数精英，而底层却有大量生活得糟糕透顶的人。自农业社会以来，所有人类社会都表现出了这种分层，所有社会都必须应对优势精英与劣势群体之间出现的紧张关系。[5]

尼采将精英称为社会的"主人",因为他们几乎完全控制着财富、生产和政治权力。他称劳动群众是社会的"奴隶",认为一生只为一小群人工作的劳工,与奴隶制之下的奴隶并没有什么区别。[6]

下面是这个理论的有趣之处。

尼采认为,社会的主人会觉得自己应该享有特权,并且会创造出一些小故事来证明自己的精英地位。他们身在顶层,为什么不能得到回报?一切都是他们应得的,他们最聪明、最强大、最有才华,因此也是最正义的。

一个社会中最终的领先者之所以能得到眼前的一切,是因为他们理应得到,尼采将这套信仰体系称为"主人道德"。这种道德信念认为"强权就是公理",人们就该得到自己所应得之物。也就是说,你通过努力工作或开拓创新而获得的某些东西就是你应得的,没有人能把它们夺走,也不可以这么做。你是最好的,你已经证明了自己的优越性,所以应该为此获得回报。

相应地,尼采认为社会的奴隶也将产生自己的道德准则。主人们因拥有力量而认为自己是正义的、有道德的,奴隶们则因软弱而认为自己是正义的、有道德的。"奴隶道德"认为,受苦最重、处境最不利、最受剥削的人应得到最佳待遇,最贫穷、最不幸的人才配得上最多的同情和尊重。

主人道德相信强大和支配,奴隶道德相信牺牲和服从。主人道德相信等级的必要性,奴隶道德相信平等的必要性。[7]

我们所有人都拥有这两种道德。想象一下,你在学校拼命学习，最终考试得了最高分，获得了成功带来的诸多好处。你会觉得拥有这些好处在道德上是合理的，毕竟你是通过努力学习才得到这些的，你是一个好学生，因此也是一个好人。这就是主人道德。

现在想象你有一位同学，她有 18 个兄弟姐妹，都由单亲母亲抚养长大。这位同学要为兄弟姐妹们提供食物，所以必须做很多份兼职工作，没有时间学习。在你取得高分的那场考试上，她考了不及格。这公平吗？当然不公平。你很可能会觉得她处境艰难，理应受到某种特殊对待——比如有机会重考，或者是在有时间学习的时候重考一次。她应该得到这些，因为她的牺牲和不利条件让她成为一个好人。这是奴隶道德。

用第三章里情感牛顿的术语来说，主人道德是一种在我们自己与周围世界之间建立道德分隔的内在愿望，想要产生道德鸿沟的愿望让一个人处在顶端；而奴隶道德是一种寻求平等、填平道德鸿沟并减轻痛苦的内在愿望。两者都是组成感性大脑操作系统的基本部分，都会产生并保持强烈的情绪，都给予我们希望。

尼采认为，古代世界（希腊、罗马、埃及、印度等）的文化是主人道德的文化。这些国家看重实力和卓越，哪怕以牺牲数百万奴隶和臣民为代价。它们的文明是战士文明，崇尚勇气、荣耀和流血。尼采还认为，犹太教与基督教道德中的慈善、怜悯和同情心将奴隶道德带到了显著的地位上，奴隶道德持续统治着西方世界，直到他所处的那个时代。对尼采来说，这两种道德一直处于紧张和对立的状态，他认为这种对立是整个历史上所有政治和社会冲突的根源。

他警告世人说，这世界的冲突将变得更加激烈。

每种宗教都是以信仰为基础的，都试图以其解释现实的方式给人源源不断地带来希望。在一种达尔文式的竞争中，能成功地动员、协调和鼓舞其信徒的宗教才有机会获胜，并在全世界传播。[8]

在古代世界，建立在主人道德之上的宗教使皇帝的存在合理化。这些皇帝扩张领土，收服臣民，企图控制全世界。后来，在大约两千年前，以奴隶道德为基础的宗教应运而生，并逐渐开始取代之前的宗教。这些新宗教向每个人传达同样的信息：所有人要么天生善良、后来堕落，要么是天生的罪人，必须得救。

然后，在17世纪，欧洲出现了一种新的宗教，它释放出比人类历史上任何东西都强大的力量。

每种宗教都会遇到一个棘手的问题——证据。你可以给人们讲各种各样的故事，有关神明、灵魂、天使……但是，如果一个城镇被烧毁，一个善良的年轻人在事故中失去了手臂，那么……哎呀，神明在哪里啊！

纵观整个历史，当权者们有时候花费了很多精力来掩盖宗教缺乏支持性证据的事实，有时候惩罚任何敢于质疑信仰是否有效的人，有时候二者兼而有之。

尼采像大多数无神论者一样讨厌这种宗教。

在艾萨克·牛顿的时代，科学家被称为自然哲学家，他们认为最可靠的信仰是有证据支持的信仰。证据是最高价值，任何不能被证据支持的信仰都必须被修正，以解释新观察到的现实。这产生了一种新的宗教：科学。

科学可以说是最有效的宗教，因为它是第一个能够自我发展和完善的宗教。它对所有人开放，不会停泊在一本书或一句信条上。它不是人类历史的旁观者，没有被束缚于无法证明其存在的超自然精神。它是一个不断发展、不断变化的基于证据的信仰，可以自由地根据证据的发展进行成长和转变。

科学革命改变了世界，改变的程度比以往任何时候都更为深刻。[9]它重塑了地球，使数十亿人摆脱疾病和贫困，改善了生活的方方面面。[10]毫不夸张地说，科学可能是人类为自己所做的唯一确定的好事。感谢弗朗西斯·培根，感谢艾萨克·牛顿，感谢所有的科学巨匠。

医学、农业、教育、商业……科学是人类历史上所有伟大发明和进步的唯一功臣。

然而，科学还做了一件更了不起的事情：它告诉了世界什么叫成长。在人类历史上的大多数阶段，成长都微乎其微，世界的变化非常缓慢，每个人去世时的经济状况和他们出生时候的几乎完全一样。在两千年前，人们一辈子所经历的经济发展平均来说大概和我们现在六个月里经历的经济增长一样多。[11]人们过了一辈子，但没有经历任何改变，只是在同一片土地上生存和死去，跟同一群人打交道，使用着同样的工具。没有什么事情会变好，事实上，瘟疫、饥荒和战争倒经常让一切变得很糟糕。人类就这样艰辛、悲惨地生活着，缓慢地发展着。

由于不能指望这一世的人生有所改变，人们便将希望寄托在事关下辈子美好生活的精神承诺上，于是宗教开始盛行。神职人员成了社会生活的仲裁者，因为他们是希望的仲裁者，是可以告诉你神明想要什么的人，而神明是唯一可以承诺救赎和美好未来的存在。

但后来科学诞生了，事情从此便一发不可收拾。显微镜、印刷机、内燃机、轧棉机、温度计，还有真实有效的药品，接连被发明出来。突然间，生活变得更好了，而且你可以看到生活会变得越来越好。人们使用着更好的工具，获得了更多的食物，拥有更健康的体魄，赚到更多的钱，在回顾过去的十年时会说一句："哇！你能相信我们曾经那样生活过吗？"

这种回顾历史并观察进展的能力改变了人们对于未来的看法，也永久性地改变了对自己的看法。

现在，你每时每刻都能改善生活，这意味着各种美妙的事情：自由（今天，你选择以何种方式成长？）、责任（你可以控制自己的命运，所以必须为命运负责）、平等（根本没有神明规定谁应该得到什么，所以每个人都有权得到他想要的一切）。

这些是以前从未提出过的概念。

现世的生活中就有真实存在的增长和变化，所以人们不用再依靠关于下辈子的精神信仰来获得希望。一切都被改变了：教义软化了，人们星期天可以待在家里而不是去做礼拜，哲学家开始公开质疑神明……这是人类思想进步加速的黄金时代，并且这种进步一直加速到今天。

科学代替了宗教的统治地位，为很多思想体系的出现铺平了道路。尼采关心的正是这一点，尽管思想体系的出现带来了进步、财富和实实在在的利益，但它缺乏宗教拥有的一种东西：永无过失。

一旦被人信奉，超自然的神明便对世俗的事务免疫。你的城镇可能会被烧毁，你的母亲可能赚了一百万美元之后又全部失去，你可能看到战争和疾病来来去去……这些都没有与对神明的信仰相矛盾。宗教的耐用性意味着尽管厄运可能会带来极其糟糕的后果，但你的心理稳定性将保持不变。希望可以被保留，因为神明总是被保留的。[12]

思想体系则并非如此。如果你用十年的时间建立了一个思想体系，而这种思想却让成千上万人丧命，那么这就是你的责任。维持你多年的希望会彻底破灭，你的身份会被摧毁，你将重新坠落到黑暗中去。

思想体系会不断受到挑战、不断改变、不断被证明成立或不成立，它只能为我们的信仰体系提供并不十分强大的心理基础。而一旦信仰体系动摇了，我们就会陷入令人不适的真相。

在这一点上，尼采比其他任何人看得都远。他警告说，技术发展将给世界带来关于自我存在的不适感，这是他"上帝已死"宣言的重点。

"上帝已死"并不是令人讨厌的无神论笑话，而是一种哀叹、警告和求助的呼声。我们怎能确定自身存在的意义和重要性？我们怎能决定世界上什么是好的、什么是正确的？我们如何克服这一负担？

尼采认识到存在在本质上是混乱的和不可知的。他认为我们的心理没有强大到能够处理我们相对于整个宇宙的渺小。启蒙运动之后涌现出的一系列思想体系只是推迟了人类不可避免的存在主义危机。他讨厌所有这些思想体系，觉得它们中有的幼稚、有的愚蠢、有的极为恶劣、有的令人不快。

因此尼采以一种看似倒退的方式认为：对性别、种族、民族、国籍、历史的世俗依恋都是海市蜃楼，都是一种虚假的结构。这些结构被设计出来，用牵强的解释来让人们慢些陷入令人不适的真相。他认为所有这些结构注定会相互冲突并造成暴力，比它们所能解决的暴力更严重。

尼采预言了建立在主人道德和奴隶道德上的思想体系之间将会产生冲突。[13] 他认为，这些冲突将带来比人类历史上任何其他事物都更巨大的破坏。他预言，这些破坏将超越所有边界、超越国家和人民，因为这些冲突和战争并不是为上帝而战，而是不同的神之间的战争。

而这些神就是我们。

潘多拉的魔盒

在希腊神话中，世界最初只有男人。[14] 每个人都喝很多酒，却不需要做任何工作。那是一场永恒的盛大聚会，古希腊人称之为"天堂"，不过我倒觉得这听起来像是某种独特的地狱。

众神意识到这样的世界很无聊，决定稍微增加一些刺激。他们想为人类创造一个伴侣，一个可以引起男人注意的人，一个可以为大口喝啤酒、通宵玩橄榄球的生活带来复杂性和不确定性的人。

因此，他们决定创造第一位女性。

在这件事上，每个主要神明都提供了帮助：阿弗洛狄忒给了她美丽，雅典娜给了她智慧，赫拉让她有能力建立家庭，赫尔墨斯让她可以发表有魅力的演讲。众神不停地在女性身上安装天赋与才华，就像在一部新的手机上安装程序那样。

潘多拉由此被创造出来。

众神派潘多拉来到世间，带来竞争、性爱、婴儿。但是众神还做了另一件事情：他们给了潘多拉一个盒子。这个盒子很漂亮，上面有金色浮雕，缀有繁复精巧的花纹。众神让潘多拉把盒子交给男人，但也指示她永远不能打开盒子。

但是人类很混蛋，有人打开了潘多拉的盒子，让所有的邪恶都飞散到了世界上，有死亡、疾病、仇恨、嫉妒和社交网络。从此，世上就没有了田园牧歌式的派对。人们开始互相残杀，开始比赛谁更混蛋，我们把这称为人类历史。

战争开始了，一个个王国出现了，一场场对抗产生了，奴隶制形成了。国王们开始互相征服，数十万人为了他们互相杀戮。一整座城市被建造起来，然后又被摧毁。与此同时，女性被视为财产，在男人之间交换。[15]

说句不好听的话，人类开始成为人类了。

这一切看起来都糟糕透了。但是在那个盒子的底部，仍然保留着一样闪亮而美丽的东西。

那里仍然有——希望。

潘多拉魔盒的神话有多种解释，最常见的是：神明用世界上所有的邪恶来惩罚我们，但也为我们提供了对付这些邪恶的解药——希望。你可以把这想象成人类永恒挣扎的正反两面——所有事情总是被搞砸，但是被搞砸的事情越多，我们就越要使用希望来承受和克服世界上糟糕的那一面。这就是维托尔德·皮莱茨基这样的英雄能够激励我们的原因：这些人有能力鼓起足够的勇气来抵抗邪恶，他们的行为提醒我们，所有人都有抵抗邪恶的能力。

疾病会扩散，但是解药也会扩散。希望具有感染力，它是拯救世界的力量。

但是，潘多拉魔盒的神话还有另一种不太流行的解释：如果希望并不是邪恶的解药，那该怎么办？如果希望是邪恶的另一种形式呢？如果希望只是正巧被留在盒子里呢？[16]

因为希望不仅仅激发了皮莱茨基的英雄主义。我们诚实一点吧，西方资本主义社会在过去一百年中犯下的大多数暴行都是以希望的名义完成的——"希望实现全球经济增长，获得更多的自由和财富"。

就像外科医生的手术刀一样，希望可以挽救生命，也可以终结生命，它可以提升我们，也可以摧毁我们。正如世界上有健康的信心和破坏性的信心，有健康的爱情和破坏性的爱情，希望的表现形式也有健康的和破坏性的，而两者之间的区别并不总是十分明显。

本书前面的章节已经把我关于希望的想法说得差不多了。我认为，希望是一切的基础，每个人都需要有值得期待的目标，需要相信自己对命运的控制足以实现这一目标，需要找到一个能共同实现理想的社群；如果在很长一段时间里，我们失去了三者之一甚至全部，那就会失去希望，陷入令人不适的真相中，感到无比空虚。

经历会产生情感，情感产生价值观，价值观产生对意义的阐述，对于意义有相似阐述的人们会聚在一起，并向其他人讲述自己的价值观，给他人带来希望。这群人就不免会和具有相反价值观的群体产生冲突。这些冲突必须存在，因为冲突可以维持某个群体对意义的阐述。

换句话说，冲突维持着希望。

因此我们可以倒推得出：搞砸所有事情不需要希望，但希望需要所有事情都搞砸。

使我们的生活具有意义的希望之源与仇恨之源相同，给我们的生活带来最多快乐的希望与带来最大危险的希望相同，使人们团结在一起的希望常常与使人们四分五裂的希望相同。

因此，希望是可以具有破坏性的，它建立在对现状的拒绝之上。

因为希望要求打破某些东西、反对某些东西，要求我们放弃自己的一部分甚至世界的一部分，或者干脆两者都放弃。

这就为人类状况描绘了一幅令人难以置信的苍凉景象，这意味着人类的心理构成就是：在生活中，要么选择永恒的冲突，要么选择虚无主义；要么选择群体，要么选择孤立；要么选择战争，要么选择令人不适的真相。

尼采认为，从长远来看，在几个世纪之后，真正的存在主义危机将会出现。主人道德会遭到破坏，奴隶道德也将崩溃，我们会让自己失望。人类如此脆弱，我们生产的一切都是短暂和不可靠的。

尼采认为我们必须超越希望，必须"超越善与恶"。对他而言，这种未来的道德必须以他所谓的"热爱命运"开始。他写道："我将人类的伟大表述为热爱命运：一个人永远都不要心怀他想，不要思前想后，不要寄托在永远。不仅要承担必然，更不要掩饰它——所有理想主义都以必然来撒谎——而是热爱它。"[17]

对尼采来说，热爱命运意味着无条件接受生活中的所有经历，不论高潮还是低谷，不论有意义还是无意义。这意味着爱一个人的痛苦，拥抱一个人的挣扎。这意味着，在缩小人类的欲望和现实之间的距离时，我们所要做的不是渴望更多，而是要渴望已经拥有的现实。

它的基本含义是：不要寄希望于得到什么。要把希望放在已经得到的东西上，因为希望最终都会落空。任何你可以用思想将其概念化的事物根本上都是有缺陷和有局限的，因此，无限崇拜这些事物会造成伤害。不要寄希望于变得更幸福，不要寄希望于减少痛苦，不要寄希望于改善自己的性格，不要寄希望于消除自己的缺陷。

你要这样希望：每时每刻都有无限的机会和压迫，都有自由带来的痛苦，都有无知带来的智慧，都有投降带来的力量。

然后尽管采取行动。

这就是我们对挑战的回应——不要希望，直接行动。不要希望变得更好，而是采取行动让一切变得更好。

一切都搞砸了，希望既是一切的原因，也是一切的结果。

当然，我们很难接受这一切，因为让自己戒断希望的甜美花蜜，就像把酒瓶从醉汉手里夺走一样困难。我们都认为，没有希望的话，人就会跌回到虚无中去，被深渊吞噬。令人不适的真相使我们感到恐惧，因此我们创造出各种故事、价值观、神话和传说。

但现实是，你、我以及我们认识的每个人都会死去，从整个宇宙来看，我们所做的一切几乎都不怎么重要。有些人担心这个现实会使人们不愿承担责任，自暴自弃，其实正是这一现实解放了我们，让我们负起责任。面对这样的现实意味着没有理由不爱自己和彼此，没有理由不尊重自己和我们的星球，没有理由不将生命中的每一刻都活成永恒。[18]

本书的下半部分将告诉你没有希望的生活是什么样。我要说的第一件事是，它没有你想的那么糟。本书的下半部分也是对现代世界的诚实观察，观察我们身边那些被搞砸了的东西。我观察这些不是想做出修正，而是因为我开始喜欢这一切了。

因为我们必须让感性大脑感觉到什么，但是不能给它讲一个关于意义和价值观的故事，尽管这是感性大脑急切需要的。我们必须超越善恶的观念，学会爱事情本来的样子。

热爱命运吧！

这是梅塔在瑞士锡尔斯玛利亚地区的最后一天了，她想花尽可能多的时间待在户外。

尼采最喜欢的散步地点是距城镇半公里的席尔瓦普拉纳湖东岸。每年的这个时候，湖面都漾着粼粼波纹，被地平线上的座座白色山峰环抱。四年前的夏天，就是在这里，尼采和梅塔在散步时第一次建立起了彼此的联系。梅塔想就这样度过在尼采身边的最后一天，这就是她想记住他的方式。

他们吃过早餐不久后出发。阳光明媚，空气清新，梅塔领路，尼采拄着拐杖蹒跚地跟在她身后。他们走过了谷仓、牛棚和一个小甜菜农场。尼采开玩笑说，一旦梅塔离开了，奶牛就将成为他最有智慧的同伴。两个人笑着，唱着歌，一边走一边捡核桃。

中午左右，他们停下来在落叶松树下吃了午饭。从那时起，梅塔就开始担心：他们兴奋地走了很远，比预期的要远很多，现在梅塔看到尼采在身体上和精神上都苦苦挣扎着，想要强撑下去。

对尼采来说，回去的路很艰难，他的步伐明显地拖沓了起来。梅塔将在第二天早上离开的现实像不祥的月亮一样照在他们身上，使他们的谈话阴云密布。

尼采变得愈发暴躁，身体也很疼痛。他频繁地停下来，然后开始喃喃自语。

不是这样的，梅塔想。她不想这样离开他，但她必须离开。

他们走到村子的时候已经是傍晚了。太阳就快落山了，天地间暮色凝重。尼采落后了足足有二十米，但梅塔知道让他一路走回家的唯一方法就是不要因为他而停下来。

他们经过了同样的小甜菜农场、同样的牛棚、同样的谷仓、同样的奶牛——他的新同伴。

"那是什么？"尼采大喊，"你说上帝去了哪里？"

梅塔转过身，其实在还没转身的时候她就知道会发生什么：尼采在空中挥舞着拐杖，对着一群在他面前大嚼牧草的奶牛疯狂大喊。

"我告诉你，"尼采喘着粗气，举起棍子，示意性地指向周围的山脉，"我们杀了他——你和我！我们是杀了他的凶手。但我们是怎么做到的呢？"

奶牛们平静地咀嚼着，一头奶牛还用尾巴拍死了一只苍蝇。

"我们怎样喝干了海水？谁给了我们海绵擦拭地平线？当我们将地球从太阳的束缚中解放出来时，我们做了什么？我们不是永远都在朝各个方向跌倒吗？我们难道不是在永无止境的一无所有中流浪吗？"

"弗里德里希，你这么做太蠢了！"梅塔抓住他的袖子，试图拉着他走。但是尼采猛地挣脱了，眼中充满了疯狂。[19]

"上帝在哪里？上帝已死。上帝还没活过来。是我们杀了他。"他宣称。

"请别再胡说八道了，弗里德里希。来吧，我们到那房子里去。"

"我们要如何安慰自己，凶手之中的凶手？在我们的屠刀下流血至死的最神圣、最强大的东西是什么？谁能将这血从我们身上抹去？"

梅塔摇了摇头。没用的，事情就是这样了，这一切就是会这样结束。她走开了。

"什么样的水可以涤清我们？我们需要创造出什么样的赎罪节日和神圣游戏？这伟大的事业对我们来说是不是太过伟大了？我们自己难道不该只是看起来尊崇，却不成为神吗？"

万籁俱静，远处传来牛的叫声。

"人是联结在动物与超人之间的一根绳索——悬在深渊上的绳索。人之所以伟大，乃在于他是桥梁而不是目的；人之所以可爱，乃在于他是通向更远大目标的序曲。"[20]

这些话打动了梅塔。她转过身，凝视着尼采。许多年前，正是这种将人看作通向更伟大事物的序曲的想法把她吸引到尼采身边，正是这种思想在智慧上引诱了她。因为对梅塔而言，女权主义和妇女解放仅仅是另一种建构、另一种虚荣心、另一种人类的失败、另一位死神。

梅塔将继续做伟大的事情。她将在德国和奥地利组织让妇女获得选举权的游行，并让选举权变成现实。她将激励全世界成千上万的妇女为自己的人生计划、自我的救赎和解放而奋斗。她会默默地改变世界。她将解放更多人，比尼采和大多数其他"男性伟人"做得更好。

但她将在历史的阴影中不为人知地做到这一切。的确，今天我们知道梅塔主要因为她是弗里德里希·尼采的朋友，她并不是作为女性解放的明星而闻名。她是一出戏剧的配角，戏里讲述一位预言了一百多年历史的男人。她就像一条隐藏的主线，尽管人们常常看不见她，但她能把整场戏串联在一起。

她知道自己会继续走下去。她必须继续，必须努力越过深渊。其实我们所有人都必须这么做——为他人而活，但不知道该如何为自己而活。

尼采唤道："梅塔。"

"怎么了？"

"我爱那些不知道该如何生活的人，"他说，"因为他们和我产生交集。"

第二部分
教你如何反败为胜

这过程会很痛苦，但如果你决定试一试，请继续阅读。

第六章　找到人性公式

在普通人看来，哲学家伊曼努尔·康德要么是有史以来最无聊的人，要么是追求高效的人最为推崇的对象。四十年来，他每天早上五点起床，先写作三个小时，然后在同一所大学上四个小时的课，接着在同一家餐厅吃午餐。下午，他在相同的公园，沿着相同的路线走上很长一段路。他每一天都在完全一样的时间离家和回家。每！一！天！[1]

他坚持了四十年。

康德是讲究效率的人。他的生活习惯如此机械化，以至于邻居开玩笑说可以用他离开公寓的时间来校对时钟。他每天下午三点三十分去散步，大多数日子里与同一个朋友共进晚餐，之后再工作一会儿，每天晚上十点准时睡觉。

听起来，康德是个超级无聊的家伙，但他也是世界历史上最重要、最有影响力的思想家之一。他在普鲁士国王区的单间公寓里所做的事，在很大程度上决定了世界的走向，比他那个时代之前和之后的大多数国王、总统、总理和将军做到的事情都更伟大。

康德是第一个主张所有人的内在尊严都必须被重视和尊重的人。[2] 他是有史以来第一个设想出建立全球性理事机构、以保证世界大部分地区和平稳定的人，这个想法最终演化为成立联合国的灵感。[3] 他描述了应该如何理解时间和空间，爱因斯坦则在这些想法的启发和帮助下提出了相对论。[4] 他是最早探讨动物权利的人之一。[5] 他重塑了美学和关于美的哲学。[6] 仅仅用了几百页纸，他就解决了理性主义和经验主义之间长达两百年的哲学争论。[7] 他似乎觉得这些成就还不够，于是又重新发明了道德哲学，挑战了自亚里士多德以来西方文明的基本思想。[8]

康德是一个知识分子。如果理性大脑有肱二头肌，那么康德的理性大脑就是知识界的奥林匹亚先生[a]。

康德对世界的看法像他的生活方式一样，是严格而毫不妥协的。他认为世界上存在着明确的对与错，这是一种超越感性大脑的判断、在人类情感之外运作的价值体系。[9] 他一直过着自己所推崇的那种生活。国王审查他，祭司谴责他，学者羡慕他，然而这一切都没有使他放慢脚步。

---

a 奥林匹亚先生大赛是世界男子健美运动最高水平的比赛。从 1965 年开始，至今一共有 13 位冠军，他们分别代表了自己时代健美的最高水平。

康德什么也不在乎。在我所知道的人里面，他是唯一一个放弃了希望这种有缺陷的人类价值观的思想家，唯一一个直面令人不适的真相并拒绝接受其可怕含义的人，唯一一个只凭自己的智慧就敢站在众神面前发起挑战的勇士……而且，他以某种方式取得了胜利。[10]

要了解康德的艰苦奋斗，我们必须先绕道而行，了解人类心理的成长、成熟和成年。[11]

学着长大

四岁时，有一次我没有听从母亲的警告，执意把手指放在火炉上。那天我学到了重要的一课：很热的东西很糟糕，会烧伤你，所以要避免再次触摸它们。

大约在同一时期，我有了另一个重要发现：冰激凌放在冰柜中的架子上，如果我努力踮起脚尖，很容易就能拿到。有一天，趁着母亲在另一个房间时，我拿到一个冰激凌，然后坐在地板上，把勺子丢在一边，直接用手抓着狼吞虎咽地吃起来。

在之后的十多年里，我从未像那个瞬间一样接近纯粹的快乐。如果四岁小孩的心里有天堂存在，那我已经找到了，那个小小的极乐世界就藏在这桶凝结的神性中。当冰激凌开始融化时，我把它涂在了脸上，又让它滴到我的衬衫上。当然，那时的我已经沐浴在这种神祇一般的美味和甜蜜之中，所以这一切发生起来就像电影中的慢动作。

接着妈妈走了进来。天堂结束，地狱降临了，之后发生的事情包括但不限于刻不容缓的洗澡。

那天我学到了几堂课。首先，偷冰激凌，然后将冰激凌倒在自己身上和厨房地板上，会让你的母亲非常生气。第二，生气的母亲一点也不好，会责骂你、惩罚你。就像把手放在炉子上那天一样，我学会了什么不该做。

此外，我还学到了第三堂课。这堂课太顺其自然了，所以很多人都没有意识到。但是这堂课也比其他课程重要得多：吃冰激凌比被火烧好。

这堂课很重要，因为它是一种价值判断：冰激凌比火炉好，我喜欢嘴里含着糖，而不是手上有一团火。我的感性大脑认识到某件事比另一件事要好，这就是早期价值等级的构建。

我的一个朋友曾经说过，为人父母"实际上就是跟随一个孩子几十年，并确保他不会意外地害死自己——当你知道一个孩子能找到多少种方式意外地害死自己时，一定会惊讶的"。

儿童一直在寻找新的方法来意外地害死自己，因为他们心理上的原动力是探索。在生命的早期，我们被驱动着去探索周围的世界，因为感性大脑正在收集有关信息：什么使我们高兴，什么使我们受到伤害；什么让我们感觉良好，什么让我们感觉糟糕；什么值得进一步追求，什么应该敬而远之。我们建立起价值等级，弄清首要和基本价值是什么，这样才能知道自己应该希望什么。[12]

最终有一天，处在探索阶段的我们感到疲乏了。这不是因为再也没有需要探索的地方了，恰恰相反，探索阶段的结束是因为随着年龄的增长，我们开始认识到有太多的世界可以探索。我们无法触摸和品尝所有东西，也不可能认识所有人、经历所有事。值得探索的东西太多了，世界的规模之大吓倒了我们。

因此，我们的两个大脑开始减少尝试，更多地专注于制订一些规则，来帮助我们应对眼前大千世界的无限复杂性。我们从父母和老师那里学到了大多数规则，也靠自己弄清楚了许多。因为太靠近明火而被烫到之后，我逐渐认识到所有的火焰都是危险的，而不仅是火炉；在目睹妈妈多次发火之后，我发现偷冰柜里的甜食总是不好的，而不仅是偷冰激凌。[13]

于是，一些为大多数人所接受的原则开始浮现在我们的脑海里：小心处理危险的事情，以免受到伤害；对父母诚实，他们会对你很好；有东西要与兄弟姐妹分享，他们也会与你分享。

这些新的原则更为复杂，因为它们是抽象的，你不能用手指着"公平"或画出"谨慎"。小孩子的想法是：冰激凌很好吃，所以我要得到它。青少年的想法是：冰激凌很好吃，但是偷东西会让我的父母生气，我会受到惩罚，所以不能从冰柜里拿冰激凌。

青少年把"如果/然后"规则运用在自己的决策中，以儿童无法使用的因果链进行思考，发现一味地追求快乐和回避痛苦常常会带来问题。每个行动都有后果，所以必须与他人就各自的欲望进行协商，必须遵守社会和权威的规则。只要这样做，就会得到回报。

发展出更高层次、更抽象的价值观，以增强在更广泛环境中的决策能力，这是成熟的表现，是适应世界的方式，也是处理看似有无限种可能的人生经历的方式。这是儿童认知的一项重大飞跃，对健康、快乐地成长至关重要。

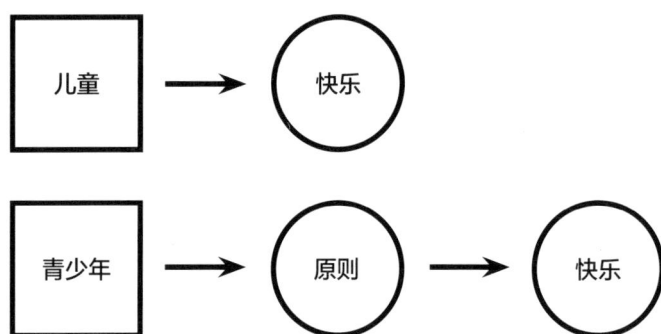

图1：儿童只考虑自己的快乐，而青少年则学习用规则和原则来确定方向，以实现自己的目标。

儿童就像小暴君。[14] 他们对生活的理解，很难超越在当下能够立刻带来快乐或者痛苦的那件东西。他们没有同理心，不能站在你的角度为你着想，只知道自己想要冰激凌。[15] 因此儿童的身份非常渺小且脆弱，仅由那些能赋予快乐和避免痛苦的事物构成。

比如，苏西爱吃巧克力、怕狗、喜欢填色游戏、经常对哥哥很凶，她的身份最多复杂到这个程度，因为她的感性大脑尚未发展出足够的认知能力来构建更连贯的故事。只有当年纪大到可以问自己为什么会快乐、为什么会痛苦，她才可以为自己构建一些有意义的故事，并建立身份。

在青少年时期，关于快乐和痛苦的认识仍然存在，只是人们不再根据这些来制订大多数决策，[16] 它们不再是价值观的基础。大一点的孩子会先权衡个人情感、规则、折中方案和对社会秩序的理解，再制订出更成熟的计划，最后做出决定。这给了他们更强大、更坚定的身份。[17]

青少年在学习快乐和痛苦时像儿童一样磕磕绊绊，不同之处在于，青少年是因为尝试不同的社会规则和角色而遇到麻烦的。如果穿这个，我会不会看起来很酷？如果这么说话，别人会喜欢我吗？如果假装喜欢这种音乐，我会受欢迎吗？[18]

学会和生活讨价还价是一种进步，但这个过程中仍然有问题存在。我会按老板所说的去做，这样才能赚钱；我会打电话给妈妈，这样她就不会冲我大喊大叫；我会好好做功课，这样就不会搞砸未来；我会撒谎并装作很善良，这样就不会引发冲突……看到了吧，没有一件事是为了自己而做。出于对负面影响的惧怕，一切都是算计好的交易，一切都是为了得到快乐的手段。[19]

青少年期价值观的问题在于，如果你总是坚持这一价值观，就永远不能真正代表除了自己以外的任何东西。你内心仍然是一个孩子，一个更聪明、更有智慧的孩子，一切仍然围绕着最大限度地得到快乐和减少痛苦来进行。只不过，青少年期的孩子足够机灵，能找到前进的方法。

青少年期的价值观是自欺欺人的。你不能以这种方式过完一生，否则会永远无法真正上自己的生活，你的生活将永远是他人欲望的合集。

要成为一个情绪健康的人，你必须改变生活方式，不再无休止地讨价还价，不再将每个人都视为实现快乐的手段。你必须逐渐理解更高层次、更抽象的规则。

做一个成年人

在网上搜索"如何成为成年人"时，大多数结果都在告诉你怎样准备面试、怎样管理财务状况、怎样把自己待过的地方清理干净、不要做一个彻头彻尾的混蛋……这些都很好，也的确都是成年人应该做的事。但是做到这些事本身并不能使你成年，只能让你不再做一个孩子。

这是不一样的。

大多数人是基于规则和交易才去做以上这些事情的，把它们视作达到某个明确目标的手段。你准备面试，是因为想获得一份好工作；你学着打扫房间，是因为房间的清洁程度直接影响着人们对你的看法；你管理自己的财务状况，是因为如果不这样做，那么有一天就会陷入万劫不复的境地。学会与规则和社会秩序讨价还价，我们就能实现良好的自我运作。

然而我们最终意识到，生活中很多重要的东西，不管怎样讨价还价都无法获得。你不能为了爱与父亲讨价还价，不能为了陪伴与朋友讨价还价，也不能为了尊重与老板讨价还价。以讨价还价的方式来获得爱或尊重是很糟糕的，甚至会毁掉一切。如果你必须靠劝诱来获得别人的尊重，那么他们将永远不会尊重你。如果你必须靠说服来获得别人的信任，那么他们就根本不会信任你。

生命中最宝贵和最重要的事物是不可以被交易的，讨价还价等于立即销毁它们。可是人们经常干出这种蠢事，特别是在寻求帮助或者询问个人发展建议时，他们实际上是在说："请告诉我必须遵守的游戏规则，我会参与其中的。"但很多人都没有意识到，恰恰是认为幸福有规则可循这一想法阻止了自己获得幸福。正如阿尔贝·加缪所说："如果持续寻找幸福的构成，那就永远都不会幸福。"

通过讨价还价和遵守规则在生活中穿梭的人们，可以在物质世界里走得很远，但在情感世界里仍然会感到残缺和无助。因为通过价值交易而获得的人际关系，是建立在互相操纵之上的。

成年意味着认识到有时抽象的原则是正确的、有益的。诚实永远是正确的选择，即使保持诚实可能给你或他人带来伤害。青少年会意识到，孩子式的快乐或痛苦不是世界的全部；同样，成年人也意识到，青少年通过不断进行讨价还价而获得的认可、同意和满足也不是世界的全部。做一个成年人，就意味着要培养出由正义这个简单原因而做正确事情的能力。

一个青少年会说自己看重诚实这种品质，但他之所以这么说是因为已经知道这样会产生好的结果。当面对难以应付的谈话时，他就会说善意的谎言，会夸大事实，甚至被迫攻击别人。而成人会保持诚实，是因为诚实比自己的快乐或痛苦更重要，比获得想要的东西或实现目标更重要。诚实本来就是美好和有价值的，它本身就是目的，而不是达到其他目的的手段。

一个青少年会说他爱你，但他对爱情的理解就是能从中得到回报，爱情不过是一次情感交换，双方都带来了自己所能提供的一切，互相讨价还价以做成更好的买卖。而一个成年人会自由地爱对方，不期望得到任何回报，因为他知道那是唯一可以使爱变得真实的方法。成年人能做到只是付出而不寻求任何回报，因为寻求回报首先就会破坏付出的目的。

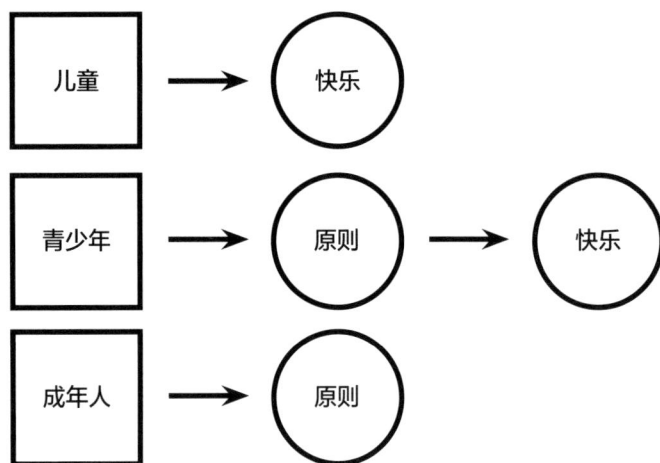

图2: 成年人能够为了原则而放弃自己的快乐。

成年人的原则性价值观是无条件的，也就是说，不能通过任何其他方式来实现，其本身就是目的。[20]

世界上有很多没长大的成年人，也有许多已经衰老的青少年，甚至还有一些内心是成人的儿童。这是因为到了一定程度之后成熟度就与年龄无关了，[21] 重要的是一个人的意图。儿童、青少年和成人之间的区别不是他们年龄多大、从事什么工作，而是他们为什么做某事。孩子因为贪吃而偷走了冰激凌，他不知道后果如何，或者干脆不在乎。青少年不会偷窃，因为他知道这将在未来造成更严重的后果。他的决定是与未来自我进行讨价还价后的结果：为了避免将来的更大痛苦，现在就要放弃一些乐趣。[22]但是成年人不会偷窃的原因很简单：偷窃是错误的，即使最后成功逃脱了，这一行为本身也会让他看不起自己。[23]

为什么长不大

孩提时代的我们开始学着认识快乐或者痛苦的价值观（比如，冰激凌是好的，火炉是不好的），学习的方法是先追求它们，然后看看自己会不会失败、会怎样失败。只有经历了价值观失败的痛苦，我们才能学会超越它们。[24] 我们偷了冰激凌，妈妈生气并惩罚了我们。突然之间，"冰激凌是好的"这件事看上去似乎不像以前那么单纯了，还有很多其他因素需要考虑。我喜欢冰激凌，也喜欢妈妈，但是吃冰激凌会使妈妈不高兴，我该怎么办？

最终，孩子不得不学会权衡得失。

这其实是良好的早期育儿方法，可以归结为：为孩子由快乐或者痛苦驱动的行为提供正确的后果，在他们偷冰激凌时进行惩罚，在他们安静地用餐时加以奖励。你正在帮助他们了解生活远比自己的冲动或欲望要复杂得多。不能做到这一点的父母会让孩子在日常的基本面上败下阵来，因为在不远的将来，孩子终将吃惊地意识到世界不会按照他们的想法来运转。成年后学习这一课的过程将非常痛苦，比在小时候学这一课要痛苦得多——会因不了解这一点而受到同龄人和整个社会的惩罚。没有人愿意与自私的坏蛋做朋友，没有人愿意与一个不会考虑别人感觉或不遵守规则的人一起工作，没有人会接受一个从冰柜里偷冰激凌（无论是字面意思还是比喻意思）的家伙。没上过这一课的人会因在成人世界中的过分行为而被回避、嘲笑和惩罚，这将导致更多的痛苦和折磨。

有些父母会虐待孩子。[25] 受虐待的孩子也不会在由痛苦或快乐驱动的价值观上进一步成长，因为他受到的惩罚既没有逻辑可循，也不会强化更深层次、更抽象的价值观。对这样的孩子来说，惩罚是不可预见的，是随机且残酷的，比如，偷冰激凌有时会招来极端的惩罚，有时却根本不会导致任何后果。因此，这样的孩子既学不到任何教训，也不会产生更高层次的价值观，更得不到应有的成长。他不能从惩罚中学会控制自己的行为，也不能发展出应对痛苦的机制。这就是为什么受虐待的孩子和被溺爱的孩子在成年后经常遇到同样的问题：他们仍然陷于童年的价值观中而不自知。[26]

　　最后，要想从青春期毕业，就必须明白自己的行为一定会导致某个可预测的结果。偷窃总会带来不良后果，触摸火炉也一样。只有相信后果一定存在，才能够围绕因果联系制订规则，确立原则。一个人长大并进入社会之后的情况也是如此。没有可信赖的机构或领导者的社会，无法为每个成员制订规则并划分角色，也无法提供人们做决定时可以参考的可靠原则，一切都会重新回归到幼稚的自私中。[27]

　　人们陷在青少年期价值观里的原因和陷在儿童期价值观里的原因相同：受过创伤、被人忽视，或两者皆有。那些欺凌行为的受害者就是典型例子。如果一个人年轻的时候经常被欺负，那么他在面对世界时就会固守一种假定——没有人会无条件地喜欢或尊重自己，所有的情感都要通过一系列反复练习过的交谈和固定动作艰难地获取。必须要按某种方式打扮，必须要以某种方式说话，必须要以某种方式行动，等等。[28]

　　有的人非常善于玩讨价还价的游戏。这种人往往是迷人而有魅力的，天生就能够感觉到其他人对自己的需求并加以满足。他们总是能够成功地操纵他人，因此相信这就是整个世界的运作方式。

　　但是要想成功地教育好一个青少年，就必须让他知道讨价还价是永远不会停下来的跑步机，生活中唯一具有真正价值和意义的东西不是通过讲条件、做交易就可以获得的。所以，父母和老师不能屈服于他们的讨价还价。要做到这一点，最好的办法就是让自己成为不讲条件的人，以此来进行示范。教会青少年信任的最好方法是信任他，获得青少年的尊重的最好方法是尊重他，让青少年学会爱的最好方法就是爱他。记住，不是把爱、信任或尊重强加在青少年身上，因为强加就意味着有条件、意味着讨价还价。正确的做法是，只要给予就好了。青少年的讨价还价一定会在某个时刻失败，那时他就会明白，这些无条件获得的东西非常宝贵。[29]

父母和老师之所以会失败，通常是因为他们自己也陷入了青春期的价值观，也从交易的角度看待世界，也在讨价还价——用性交换爱，用情感交换忠诚，用顺从交换尊重。因此，他们可能会在情感、爱或尊重等问题上跟自己的孩子讨价还价。他们认为这很正常，所以孩子长大后也认为这很正常。然后，当孩子离开家庭、在社会上立足时，糟糕的、浅薄的、交易式的亲子关系就会被复制。因为这些孩子后来成为父母或老师，并将青春期的价值观传授给他们的孩子，所以整个混乱就延续到了下一代身上。

长大成人之后思想还停留在青春期的人，会在面对世界时假设所有的人际关系都是永无止境的贸易协议，每个人都是为了达到某个自私的目的。他们会认为亲密感无非是一种假装的感觉，维持亲密感是因为知道对方和自己可以互惠互利。这样的人没有认识到，生活中所有问题的根源，在于他们自己正以达成交易的方式来与世界接触。他们会认为唯一的问题是自己要花上很长时间才能正确地进行交易。

要无条件地采取行动很难。你爱一个人，虽然知道他可能不会爱你，却仍然勇往直前地去爱他。你相信一个人，就算意识到自己可能会受伤，甚至把一切都搞砸，也仍然相信他。无条件采取行动需要一定程度的信念——相信这样做是正确的，即使会导致更多的痛苦，即使结果不尽如人意。

要使信仰产生飞跃，获得成年人的美德，不仅需要忍受痛苦的能力，还需要抛弃希望的勇气，需要不再认为事情一定会变得更好、一定会给人带来快乐。理性大脑将告诉你这是不符合逻辑的，这种假设必然在某种程度上是错误的。于是感性大脑被吓坏

比较项 \ 阶段	儿童状态	青少年状态	成年状态
价值观	快乐和痛苦	规则和角色	美德
将人际关系视为	权力斗争	表演	脆弱性
自我价值	自恋狂，在"我是最好的"和"我是最糟糕的"之间大幅度波动	依赖他人，需要外部认可	独立，内心的自我认可
动机	权力、重要性或财富的自我提升	自我认同	热爱命运
为了成长必需要做的事	拥有值得信赖的群体和可以依靠的人	拥有放弃结果的勇气和对无条件行为的信念	稳定的自我认知

了，努力拖延由残酷的诚实带来的痛苦、由坠入爱河带来的脆弱、由谦卑带来的恐惧。

但你还是要这样做。

成人的行为通常是最值得关注并令人钦佩的。老板为员工的失误承担责任，母亲为孩子的快乐而放弃了自己的幸福，朋友冒着惹怒你的风险告诉你应该知道的事情……正是这样的人将世界团结在一起，没有他们，世界会变得一团糟。

世界上所有伟大的宗教也都将人们推向这些无条件的价值观，这并非巧合。世界上最伟大的宗教以其最纯粹的形式利用我们的人类本能，希望可以试着将人们拽向成年人的美德。

不幸的是，宗教最终会成为一种人类机构，而几乎所有人类机构最终都会变得有违初衷。

启蒙哲学家对成长给世界带来的机遇感到兴奋，他们决定将灵性从宗教中消除。他们抛弃了美德的理念，而是专注于可衡量的具体目标：创造更大的快乐，带来更少的痛苦，赋予人们更大的自主和自由，宣扬同情心、同理心和平等。

然而人类有天性上的缺陷。当你尝试交易幸福时，就摧毁了幸福；当你试图强制自由时，就否定了自由；当你尝试创造平等时，就破坏了平等。

很多人都不承认这个摆在人类面前的基本问题：条件性。无论以什么为最高价值，人们总会在某个时候，愿意为了在生活中更加接近这一最高价值而讨价还价。无论你的追求是什么，只要追求了足够长的时间，你总会为了它而放弃自己或其他什么东西。那些本来可以使你免于痛苦的事情却让你重新陷入痛苦之中，先建立希望再将其破坏的周期重新开始。

而这就是康德理论开始的地方……

唯一的人生准则

康德从年轻的时候就知道，人们在面对令人不适的真相时会用打地鼠游戏一样的方式来维持希望。他也像很多人一样，意识到这个游戏的残酷和无穷尽，并因此感到绝望。

但与常人不同的是，康德不接受这场游戏。他拒绝相信人类的存在没有内在价值，拒绝相信人类是被诅咒的，拒绝相信人类永远都要靠编故事来为生活找到某个抽象的意义。所以，他决定动用自己那发达的大脑，来找出没有希望时价值观的样子。

康德从一个简单的观察开始，在整个宇宙中，只有一件事是完全稀缺和独特的：意识。对康德而言，把人类与宇宙中其他东西区分开的唯一特质是人的理性思考能力——人能够把握周围的世界，并通过理性和意志让它变得更好。对他来说，这一点很特别，特别得几乎就是一个奇迹。这意味着在这个无限延伸的空间中，只有人类能管理自身的存在。在宇宙中，我们是独创性和创造力的唯一来源，是唯一可以管理自身命运、具有自我意识的存在，是唯一有智慧的自我组织。

因此，康德巧妙地推断出，从逻辑上讲，宇宙中的最高价值就是可以自己构想价值的事物。存在的唯一真实意义是形成意义的能力。唯一的重要性是决定重要性的事物。[30]

这种选择意义、想象重要性、发明目的的能力是已知的宇宙中唯一可以自我传播的能力。它可以传播其智力并在整个宇宙中形成越来越高层次的组织。康德认为，如果没有理性，那么宇宙将被白白浪费掉。没有理性，就既没有目的也没有智慧，更没有使用智慧的自由，那人类就是一堆岩石，不会改变，不会进步，不会创造，仅仅是堆在原地而已。

人类是有意识的，所以可以重组宇宙，重组是一个以指数级速度丰富自身的过程。意识能够解决问题，建设复杂的系统，并通过构想创造出更多复杂的东西。几百万年前，人类还待在洞穴里玩棍子，今天我们已经创造出能连接数十亿人头脑的信息世界。再过一千年，我们说不定就能在群星中穿行，重塑某一颗星体，重塑时间与空间的概念。在这宏伟的进程中，每个普通人、每件普通的事情可能都无关紧要，但是人类整体理性意识的保持和提升比什么都重要。

康德认为，最基本的道德义务是保存与发展我们自身和他人的意识，他称这种始终把意识放在首位的原则为"人性公式"，它解释了我们的基本道德直觉，解释了美德的经典概念，告诉我们如何不依赖想象中的希望就能过好日常生活，如何不变成一个混蛋。

他只用一句话就解释了这所有的内容。人性公式指出：做任何事情时，你都要把人性（无论是你自己的还是其他人的）

当作目的，绝不要仅仅把它当作一种手段。[31]

人性公式是将我们从讨价还价的青春期带到崇尚美德的成人世界中的唯一原则。[32]

你瞧，从根本上讲，希望是带有交易性的，是一个人当下的行动与想象中未来的快乐之间的讨价还价。不要做错事，否则你会惹上麻烦；要努力工作并学会存钱，因为这会让你开心。

为了超越这种交易性，人们必须学会无条件地做某件事。你必须不期望任何回报地爱某个人，否则就不是真正的爱；你必须不期望任何回报地尊重某个人，否则就不是真正尊重他；你必须诚实，但不要期望有人来拍你的后背，和你击掌，或者在你的名字后面画一颗金色的五角星，否则就不是真正的诚实。

康德用一个简单的原则总结了这些无条件的行为：你绝不能把人仅仅当作一种手段，而应该永远把人当作一种目的。[33]可在日常生活中，这一点是怎么体现出来的呢？

举个简单的例子。假设我饿了，想要吃墨西哥卷饼。我坐上车，先去加油站，接着去快餐店，点了我平时常吃的"双份肉怪兽卷饼"。天哪，这让我满足极了。在这种情况下，吃墨西哥卷饼是我的最终目的，是我上车、开车、加油的原因。我为吃到墨西哥卷饼所做的这些事都是手段，是为了达到目的而必须要做的事情。

手段是在有条件的前提下所做的事情，是我们用来讨价还价的东西。虽然我不想上车、开车，也不想花钱加油，但我真的想要吃到墨西哥卷饼，所以我必须做这些事情来得到它。

目的是出于自身需求而渴望的东西，是我们决策和行为的决定性激励因素。如果想要墨西哥卷饼的不是我而是我的妻子，我去买卷饼只是为了让她开心，那么这时墨西哥卷饼就不再是我的目的，而是为了实现更深层目的，也就是让我妻子开心而必须采取的手段。如果我想让妻子开心只是因为这样她就不会扣下我的工资卡，那么现在，我妻子的幸福就成了我达到更深层目的的手段，这个更深层的目的就是保住我的私房钱。

这个例子可能让你觉得我有点功利，但这正适用于康德提出的观点。人性公式指出，将任何其他人视为达到自己目的的手段，是所有错误行为的根源。所以，把墨西哥卷饼当成手段来达到让妻子开心这个目的是没问题的，但是如果我把妻子当成达到保住私房钱这个目的的手段，那么正如康德所言，这是不对的。

说谎是错误的，因为这是在误导他人有意识的行为以实现自己的目的，是把别人作为达到你自己目的的手段。作弊是不道德的，你为一己之私辜负了其他有理性、有情感之人的期望，你把其他正在遵守相同规则的人都当成了达到你个人目的的手段。使用暴力也是不好的，这是将伤害他人作为手段来赢得一场胜利，同样是为了实现个人目的。这些都是很不好的，朋友们。很！不！好！

人性公式不仅描述了我们对错误之处的道德直觉，还解释了成年人的美德——那些本身就很美好的行为和举止。诚实本身就是好的，因为它是唯一一种不单纯把人视为手段的交流方式。勇气本身就是好的，因为不敢采取行动就等于把自己或他人视为抑制恐惧的手段。谦卑本身就是好的，因为一味沉浸在自己的世界里就是将他人视为达到自己目的的一种手段。

如果世界上曾有一个规则能描述所有人类都期望的行为，那么这个规则就是人性公式。这个公式的美妙之处在于，与其他道德体系或法典不同，人性公式不依赖希望。康德没有强加给世界一个伟大的体系，也没有动用基于信仰的超自然信念来防止怀疑的发生。

人性公式仅仅是一个原则。它没有预测未来会以何种形式存在，也不会为一些糟糕的过去哀叹。没有人比其他人更好或更糟，唯一重要的是意识受到尊重和保护。

根据康德的理解，当你决定要主宰未来时，你就释放了希望的破坏性潜力。这时的你想要改变他人而非尊重他人，妄图摧毁他人内心的邪恶而不是把邪恶从自己身体里根除。

康德认为，要让这个世界变好，唯一合乎逻辑的方法是改善自己。要成长，要变得更加善良，要在每个时刻做出简单的决定，要将自己和他人视为目的而绝非手段，要做诚实的人，要公开地、无所畏惧地去爱。不要分心，不要苛责自己，不要推卸责任或屈服于恐惧，不要屈服于差异带来的冲动或希望对你的欺骗。未来没有天堂或地狱，只有你在当下每时每刻做出的选择。

你会采取有条件还是无条件的行动？你会把别人当作手段还是目的？你会追求成人的美德还是幼稚的自恋？

希望甚至都不需要存在于这条程式里。不要去希望能有更好的生活，要去创造更好的生活。

康德知道，我们对自己的尊重与对世界的尊重之间有着根本的联系。我们与自己内心进行互动的方式是与他人进行互动的模板，在自身取得进步之前，与他人的互动几乎无法取得进展。换句话说，将自己视为手段的人也会将别人视为手段，不尊重自己的人也不会尊重他人，利用和损害自己的人也会利用和损害他人。当我们追求乐趣和简单的满足时，其实是将自己视为实现快乐这个目标的一种手段。因此，自我完善不是培养更大的幸福，而是培养更多的自尊。告诉自己我们又糟糕又没有价值和告诉别人他们又糟糕又没有价值都是错的，对自己说谎与对他人说谎一样不道德，伤害自己就像伤害他人一样令人讨厌。因此，自爱和自我照顾不是你要学习或练习的东西，你要从道德上要求自己于内心深处培养这些能力，哪怕这是你唯一剩下的东西。

人性公式可以引发连锁反应：能诚实地面对自己就能诚实地面对别人，而诚实地面对别人就会让那个人也诚实地面对自己，这将帮助他成长和成熟。你拥有了不把自己视为手段的能力，这能让你更好地将他人视为目的。所以说，整理与自我的关系会带来积极的副产品，即帮助你整理与他人的关系。同样，这也让他人可以更好地整理与自身的关系，继而产生连锁反应。

这就是改变世界的方法。改变世界不是靠那些错置的对未来的梦想，而是通过每个人当下的成熟和尊严来实现，就在此刻，就在此地。关于我们来自哪里、要到什么地方去，不同的人有不同的观点，但正如康德所相信的那样，每时每刻，关于尊重和尊严的问题必须有统一答案。

第七章　反脆弱是种超能力

研究人员一个接一个地将受试者从大厅领到一个小房间去，那里只有一个米色的电脑控制台，配有一块空白屏幕和两个按钮。[1]

操作指南很简单：坐下来，凝视屏幕，如果有蓝点闪烁，请按标有"蓝色"两字的按钮；如果有紫点闪烁在屏幕上，请按标有"不是蓝色"字样的按钮。

听起来很简单，对吧?

但是，每位受试者都必须看一千个点。是的，一千个。当一位受试者完成后，研究人员会带另一位受试者进来并重复相同过程：米色控制台，空白的屏幕，一千个点。然后是下一个……这项实验在多所大学的数百位受试者身上进行着。

这些心理学家是在研究一种新的心理折磨方式，还是在对人类忍受无聊的极限能力进行测试？都不是。实际上，这项实验研究的领域之广与它的疯狂程度相当。它会像地震一样引发剧烈震动，其影响力可能比近几年来的其他任何学术研究都要大。它能解释我们看到的当今世界上正在发生的许多事情。

心理学家们正在研究一种叫作"普及率导致的概念改变"的东西，但是这个名字太糟糕了，为了便于解释，我会把这项发现称作"蓝点效应"。[2]

这些出现在屏幕上的点，它们中的大多数是蓝色的，也有一些是紫色的，剩下的则介于蓝色和紫色之间。

研究人员发现，当屏幕上比较频繁地出现蓝点时，每个人都可以非常准确地确定哪些点是蓝色的，哪些不是。可一旦研究人员开始限制蓝点的数量，并更多地显示不同深浅的紫点，受试者就开始将紫色误认为蓝色。这些人的色觉似乎发生了扭曲，就算实际出现的蓝点数量再少，他们也要强迫自己凑足一定数量。

好吧，原来人们一直在看错东西。而且你要盯着屏幕看好几个小时实验才能结束，所以你的眼睛可能会花，你会看到很多不知所谓的玩意儿。

但蓝点不是重点，这项实验只是一种手段，其目的是衡量人类如何扭曲自己的观念，好让世界符合他们的期望。等到研究人员获得了足够的蓝点数据，足以让助手们开始忙个不停，实验便转向了更重要的方面。

举个例子，研究人员向受试者展示了不同面孔的照片，有些面孔有威胁性，有些很友善，有些是中性的。最初，他们展示了许多威胁性面孔，但是随着实验的进行，就像蓝点测试一样，威胁性面孔出现得越来越少。相同的效果产生了：向受试者展示的威胁性面孔越少，受试者越容易错误地认为友好和中立的面孔具有威胁性。人类的大脑对于将会看到的蓝点数量似乎有一个预设值，同样，对将会看到的威胁性面孔的数量，似乎也有一个预设值。

接下来，研究人员决定更进一步。看到根本不存在的威胁性面孔不是什么大问题，那么在做道德判断时又会如何呢？如果每个人都相信世界上存在着比实际更多的邪恶，那该怎么办呢？

这次，研究人员让受试者阅读一篇工作指南，其中有些工作建议是不道德的，涉及一些可耻的事情，有些则完全无害，其他的则介于两者之间。

跟前几次一样，研究人员先是穿插着展示道德和不道德的建议，并告诉受试者留意不道德的部分，然后慢慢减少不道德建议的数量。这时，蓝点效应又一次发挥作用了，人们开始将完全符合道德准则的建议看作不道德的——他们没有注意到出现了更多道德的建议，而是改变了道德与不道德之间的分界线，以满足自己对不道德建议数量的预设值。换句话说，他们在不自觉的情况下重新为不道德行为做了定义。

正如研究人员指出的那样，这种偏见能够影响几乎所有事情，这真是既令人难以置信，又让人沮丧。在没有违规行为发生的情况下，负责监督规章制度执行情况的委员会有可能把不违规的行为认为是违规的。在没有可指控的坏人或坏事时，负责检查组织内部不道德行为的专案小组开始臆想那些没有毛病的人是坏人……

蓝点效应表明，从本质上讲，无论环境实际上有多么的安全舒适，我们对威胁的关注程度越高，能看到的威胁就越多。今天，这种现象在全世界都可以看到。

曾经，成为暴力的受害者意味着有人在身体上伤害了你。如今，许多人开始用"暴力"一词来形容任何使他们感到不舒服的事情，哪怕只是一个他们不喜欢的人突然出现。"创伤"这个词曾特指惨痛的、让受害者无法继续工作或生活的经历。如今，不愉快的社交遭遇或一些令人反感的词语也被认为是一种创伤，人们在面对这些时需要一个安全空间。[3]

这就是蓝点效应。事情变得越好，我们就越在没有受到威胁的时候误以为有威胁存在，然后变得越发沮丧。这是进步悖论的核心。

19世纪，社会学的奠基人、社会科学的早期先驱埃米尔·迪尔海姆在他的一本书中进行了一次思想实验：如果没有犯罪，社会将变成什么样？如果出现了一个人人地位平等、互相尊重、不喜欢暴力的社会，一切会变成什么样呢？如果没人用谎言伤害别人，如果腐败根本就不存在的话，世界会是什么样子？冲突会停止吗？压力会消失吗？每个人都会在田野里追逐嬉戏、采摘雏菊、放声歌唱吗？[4]

迪尔海姆的答案是：不会的，实际上会出现的情况与这种想象正好相反。他认为，一个社会的条件越舒适，人们越有道德，我们的大脑就越会把微小的错误放大。如果人们都不再互相残杀，我们不一定会因此感觉良好，倒是可能在微不足道的事情上感到同样程度的沮丧。

发展心理学[a]长期以来一直在讨论类似的观点：保护人们免受问题或逆境的侵扰并不能使他们更快乐或更安全，反而会使他们更容易没有安全感。如果一个年轻人在成长过程中被完全保护起来，不用面对挑战或者不公平，那他就会难以忍受成年人生活中最微不足道的不便，并会像小孩一样在公众场合崩溃，以此表达自己的情绪。[5]

我们对问题的情感反应并不取决于问题的大小。我们的思想一直在放大或缩小问题，让它与我们期望承受的压力程度相当。物质进步并不一定会让我们放松，也不一定会让我们对未来更加充满希望。相反，在消除了有益的逆境和挑战之后，人们反而会挣扎得更厉害，变得更加自私和幼稚。他们无法从青春期中成长和成熟起来，与各种美德都相距甚远。他们把小小丘壑看作崇山峻岭。他们大喊大叫，好像世界上充满了无法被解决的问题。

与痛苦同行

最近，我在互联网上读到阿尔伯特·爱因斯坦的一句名言：

---

a 发展心理学（developmental psychology）是研究种系和个体心理发生与发展的学科。

"一个人应该发掘世界是什么样的，而不该认为世界就是他想象中的样子。"旁边还配有一张爱因斯坦的可爱照片。这句话真是太酷了，听起来很动人也很睿智，我盯着这句话看了好几秒，才在手机上滑到下一页。

但是有一个问题：爱因斯坦并没有这么说过。

爱因斯坦的另一句名言也像病毒一样广为流传："每个人都是天才，但如果你用爬树能力来断定一条鱼有多少才干，它一生都会相信自己愚蠢不堪。"

这句话也不是爱因斯坦说的。

还有一句话："恐怕当技术超过人类的那一天，世界上就只剩下白痴般的一代人了。"

不，同样不是他说的。

爱因斯坦可能是互联网上被人滥用最多的历史人物了，他就像我们经常挂在嘴边的"聪明朋友"。很多人都会说某个人也同意我的观点，让自己显得更聪明些。可怜的爱因斯坦被玷污了，他脸上贴满了从哲学到精神疾病再到体能恢复等领域的一切名言，更糟糕的是，这些名言完全与科学无关。这个可怜的人一定气得在坟墓里转圈圈。

人们编造了关于爱因斯坦的各种胡说八道的故事，让他成为神话人物。例如，他从小就对科学有兴趣，在十二岁那年的夏天学会了代数和欧几里得几何，还读了康德的《纯粹理性批判》。当他获得实验物理学博士学位的时候，很多同龄人都还没有找到第一份工作。

起初，爱因斯坦并没有伟大的抱负，只是想教书。但是作为在瑞士的年轻德国移民，他无法在当地大学任职。最终，在朋友父亲的帮助下，他在专利局找到了一份工作。这个职位放松了他的大脑，让他整日无所事事地坐着，幻想着古怪的物理学理论，而这些理论很快就颠覆了整个世界。1905年，他发表了相对论，从此享誉全球。他离开了专利局，开始跟很多国家元首一起打发时间。一切看起来都风光极了。

在漫长的一生中，爱因斯坦引领过多次物理学革命，摆脱过纳粹，警告过美国危险的核武器时代即将到来，还吐着舌头拍过一张非常有名的照片……

但是今天，我们却要通过许多他从未说过的出色的"互联网名言"来认识他。

自牛顿时代以来，物理学一直基于这样的思想向前发展——一切事物都可以用时间和空间来衡量。例如，垃圾桶现在就在我旁边，它在空间中有特定的位置。如果我把它捡起来，像一个生气的醉汉那样把它扔到房间的另一边去，理论上我可以衡量它现在的位置和改变位置所用掉的时间，从而得到各种各样有用的数据，速度、轨迹、动量以及它会在墙上留下多大的凹痕，这些都是通过测量垃圾桶在时间和空间上的位移来确定的。

时间和空间是我们所谓的"通用常数"。它们是不可变的，是衡量其他所有东西的指标。

直到爱因斯坦走了过来说"去你的常识，你什么都不懂"，然后就改变了世界。爱因斯坦证明了时间和空间不是通用常数。事实证明，我们对时间和空间的感知可能会根据我们观察时所处的情况而改变。比如，我认为经过了十秒钟，你可能认为只经过了五秒钟；我认为经过了一公里，你可能认为只经过了几米。

对于当时的物理界来说，这听起来疯狂极了。

爱因斯坦证明了时空的变化取决于观察者，也就是说，时空是相对的。光速才是通用常数，必须通过它测量其他所有东西。我们一直都在移动，速度越接近光速，时间就会变得越慢，空间也收缩得越多。

举个例子，假设你有一位双胞胎弟弟。既然是双胞胎，你们的年龄一定是一样的。你们决定参加一次星际冒险，每个人都进入了一个单独的太空飞船。你的太空飞船以每秒 50 公里的速度行驶，但你双胞胎弟弟那艘太空飞船的速度接近光速——是近乎疯狂的每秒 299000 公里。你们俩一致同意在太空中旅行一会儿，做一些酷炫的事情，二十个地球年后再相聚。

相聚时令人震惊的事情发生了：你老了二十岁，而你的双胞胎弟弟几乎没有变老。你们分别了二十个地球年，但是在他的宇宙飞船上，他大概只经历了一个地球年。

是的。换作是我，我也会说："见鬼，这是什么情况？"

爱因斯坦的理论很重要，它指出，我们曾对宇宙中什么才是恒定不变的事物做出过假设，但那可能是错误的，而这些错误的假设可能会对我们如何感知世界产生重大影响。我们假设空间和时间是通用常数，因为这解释了眼前的世界。但事实证明，它们不是通用常数，而是其他一些不可理解、并非显而易见的常数的变量。这改变了一切。

我之所以花了这么长的篇幅解释令人头痛的相对论，是因为我相信类似的事情正在人们心中发生：在人生经历中，我们所认为的通用常数实际上根本不是常数，许多被认为真实确凿的东西都与我们自己的看法有关。

心理学家不总是在研究幸福。在历史上的大部分时间里，心理学并没有将注意力集中在积极的方面，而是着眼于到底是什么搞砸了生活，让人们患上精神疾病、情绪崩溃，以及人们应该怎样应付自身最大的痛苦。

直到20世纪80年代，几位勇敢无畏的学者才开始自问："等等，我的工作真令人沮丧。到底什么能让人们幸福呢？让我们来研究吧！"对幸福的赞扬开始了，很快就有几十本关于幸福的书在书架上泛滥成灾，被卖给数百万正遭遇生存危机的无聊、愤怒的中产阶级。

开始研究幸福感时，心理学家做的第一件事是开展一次简单的调查。[6]他们召集了一大群人，给他们每人一个传呼机（那是在20世纪80年代），传呼机响起时，每个人都要停下来写下两个问题的答案——

问题一：从一分到十分，你给当下的幸福感打几分？

问题二：你的生活中发生了什么？

研究人员从各行各业的数百人中收集了数千个评分，结果既令人惊讶又无聊得出奇：几乎每个人都一直在写"七分"。在杂

150

货店买牛奶？七分。看我儿子的棒球比赛？七分。和我的老板讨论怎样与客户做一笔大交易？七分。

即使发生了灾难性的事情，比如妈妈得了癌症、我没有付购房贷款的月供、年轻的运动员在一次糟糕的保龄球事故中失去了一只手臂……幸福水平在短时间内降到了两分到五分这个区间，然后就如预料中的那样，过了一会儿又回到七分。[7]

发生了非常积极的事情时也是如此。在工作中获得丰厚的奖金，完成了梦寐以求的旅行，与心爱的人结婚……事件发生后，人们的评分会在短时间内上升，然后再次如预料中那样，回到七分。

研究人员被这结果深深震撼到了。没有人一直都很幸福，但是同样也没有人一直都很不幸福。看起来，无论外部环境如何，人类始终生活在一种温和而又不能完全令人满意的幸福中。换句话说，事情总是很不错，但也总是可以变得更好。[8]

显然，我们不过是在围绕着七分的幸福感上下波动。这个我们经常回到的恒定"七分"耍了个小把戏，我们一次又一次被这个小把戏骗到。

这个把戏就是，大脑不停地对我们说："如果能再多得到一些，就可以到达十分，而且保持在那里。"

生活中，大多数人都在不断追逐着想象中的十分。

你认为要更幸福就需要找一份新工作，于是你找到了新工作。几个月后，你觉得如果有一套新房子的话会幸福，于是买了一套新房子。又过了几个月，你想要去海滩度过完美假期，所以就去度假了。然后，在享受很棒的海滩度假时你就会说："你知道我真正需要什么吗？我想喝一杯椰林飘香[a]。不能找个什么人给我买杯椰林飘香吗？"现在你满脑子都是那杯该死的椰林飘香，觉得喝上一口就能立刻达到十分。喝完一杯你觉得还要第二杯，再喝完第二杯还有第三杯……嗯，你知道结果如何——三杯之后，你会在宿醉中醒来。

就像爱因斯坦说过的那样："不要在以糖浆为基调的鸡尾酒上浪费时间，如果要狂欢畅饮，我建议你喝苏打水。如果你富得流油，那也许可以喝上等香槟。"

毫无疑问，每个人都假设自己是人生经验的通用常数。我们本身是不变的，而我们的经历就像天气一样变来变去。有时候天气晴朗，阳光明媚，有时候天气阴沉，糟糕透顶。天空在变化，但我们保持不变。

这不是事实，事实与此正好相反。痛苦才是生活中的通用常数，而人类总在调整自己的感知和期望，以配合预定计量的痛苦。换句话说，无论天空多晴朗，我们的大脑始终都想象着云朵，不多不少，正好能让你感到有点儿失望。

这种持续不断的痛苦导致了所谓的"享乐跑步机"现象，你在跑步机上跑呀跑，追逐想象中的十分，但无论如何总是以七分结束。这种痛苦恒久不变，变化的是你对它的看法。一旦生活得到改善，一旦开始享受快乐，你的期望就会变化，然后你又回到

---

a　椰林飘香是由白朗姆酒、菠萝汁和柠檬汁调制而成的一款鸡尾酒。

轻微不满意的状态。

享受快乐时是这样，承受痛苦时也是这样。我还记得自己文身时的感受：最初的几分钟非常痛苦，我简直不敢相信自己要承受这种痛苦长达八个小时；但是到了第三个小时，我在文身师动手的时候打盹睡着了。

一切都没变：一样的针、一样的手臂、一样的文身师。但是我的看法发生了变化：痛苦变得正常了，我回到了自己内心的七分。

这是蓝点效应的另一个表现形式。[9]这是迪尔海姆的"完美"社会，是爱因斯坦的相对论混合了心理学的产物。

这就是追求幸福所存在的问题。

追求幸福是现代世界的价值。你觉得希腊神话时代的宙斯在乎人们是否幸福吗？不，他正忙着派遣成群结队的蝗虫来吃掉人们的庄稼。

在人类历史上曾有一段生活艰难的时光：饥荒、瘟疫和洪水持续不断，很多人在无休止的战争中或被奴役或被迫参军，死亡无处不在，大多数人都没有活过三十岁……

那时，苦难不仅是一个公认的事实，而且还经常被庆祝。古代哲学家并不认为幸福是一种美德。相反，他们认为人的自我克制能力是一种美德，如果没有充分的自我克制，那就会发生这样的事情：起因只是一头公驴被抢走了，结果一半的村庄都被烧毁了。正如爱因斯坦没有说过的那样："喝酒时不要玩火，否则糟糕的事会毁了你的一天。"

直到科学技术时代，幸福才成为一种应该被追求的东西。一旦发明了改善生活的工具，接下来符合逻辑的想法就是"我们应该改善什么"。那个时代的几位哲学家决定，人类的终极目标应该是增进幸福，即减轻痛苦。[10]

表面上，这听起来很不错，也很高贵。谁不想摆脱一点点痛苦？什么样的混蛋会认为这是个坏主意？

然而，这就是一个坏主意。

因为你永远无法真的摆脱痛苦，因为痛苦是人类生存状况的通用常数。因此，摆脱痛苦、保护自己不受一切伤害的企图只会适得其反。试图消除痛苦不会减轻痛苦，只会增加你对痛苦的敏感性。你会在每个角落都看到危险的影子，在每个时代都看到不公和压迫，在每个拥抱背后都看到仇恨和欺骗。

无论取得了多大的进步，无论我们的生活变得多么和平、舒适和幸福，蓝点效应都会使我们重新意识到痛苦和不满依然存在。从长远来看，大多数在彩票中赢得数百万美元的人并不会变得更幸福，他们最终会和之前感觉相同。从长远来看，遭遇可怕事故并瘫痪的人不会变得更不快乐，他们最终也会和之前感觉相同。[11]

这是因为痛苦是生活本身的经历。积极情绪能暂时消除痛苦，负面情绪能暂时增强痛苦。麻痹自己的痛苦就是麻痹所有的感觉，所有的情感，也就是悄悄地将你自己从生活里抽离。

或者，就像爱因斯坦曾指出的那样：

"就像一条小溪在没有障碍物的情况下会顺畅流动一样，人与动物的本性是我们从来没有真正注意到或意识到的，这符合我们的意愿。如果我们要注意一些事情，我们的意志就必须被挫败，必须经历某种冲击。另一方面，所有反对、挫败和抗拒我们意志的事物，也就是说，所有令人不愉快和痛苦的事物，立即、直接、清晰地给我们留下了深刻的印象。正如我们意识不到我们整个身体的健康，而只是意识到被鞋子挤压的小地方一样，我们也不会想到活动整体上的成功，而是想到一些微不足道的琐事或其他在困扰我们的事情。"[12]

好吧，那不是爱因斯坦说的，是叔本华说的，他也是德国人，头发看起来也很好笑。这段话告诉我们，没有什么方法能让我们逃避痛苦的经历，非但如此，甚至痛苦本身就是经历。

这就是为什么希望最终会导致挫败感，并且这种挫败感将永续循环。无论我们取得了什么成就，找到什么样的和平与繁荣，我们的思想都会迅速调整期望值，以保持稳定的逆境感，从而迫使自己制订一个新的希望并不断前进。我们从没有威胁性面孔的地方看到威胁性面孔，从没有不道德建议的工作指南中读到不道德的建议。无论今天多么晴朗，我们总会在天空中发现一朵乌云。

因此，追求幸福不仅是自我挫败的，也是不可能的。这就像试图抓住一根绑在绳子上的胡萝卜，而那根绳子系在一根棍子上，棍子固定在我们的背上。你越往前走，需要前进的距离就越远。如果把那根胡萝卜当成终极目标，那你就会不可避免地将自己变成实现目标的手段。你越追求幸福，幸福就越不容易得到。

追求幸福是一种有害的价值观，它长期以来一直定义着我们的文化。这是自我挫败的，具有误导性的。过得好并不意味着避免痛苦，而是意味着为了正确的理由而遭受苦难。如果存在于这个世界上就必须被迫遭受苦难，那么我们不妨学习如何更好地受苦。

反脆弱

1954 年，越南终于将法国人赶出了自己的国家，一个名叫吴廷琰的人管理了越南南部。他是位虔诚的天主教徒，在法国受教育，在意大利生活了数年，并且会说多种语言。

彼时越南人中大约有百分之八十为佛教徒，吴廷琰却禁止了与佛教有关的一切活动。越南的和尚们组织了和平抗议活动，当然，这些活动也被阻止了。

1963 年 6 月 11 日，一辆小型的绿松石色汽车正带领着数百名僧侣游行。僧侣们反复吟诵着经文，街上的人们停下来看了一会儿后就开始做自己的事，佛教徒的抗议活动已不是新鲜事。

游行队伍在柬埔寨大使馆前的十字路口停下来，阻断了往来交通。一群僧侣绕着绿松石色汽车围成半圆，静静地凝视着、等待着。

三个和尚下了车。第一位在十字路口中心的街道上放了一个垫子，第二位是一个叫释广德的老人，他走到坐垫上，以佛教盘腿打坐的方式坐下来，闭上眼睛，开始冥想。

车上的第三位和尚打开后备厢，取出了一桶汽油，将其拎到了释广德所坐的地方，然后将汽油倒在了他头上。人们捂住了嘴，有些人遮住了脸。一片令人毛骨悚然的寂静降临在这个繁华的十字路口，路人停下脚步，警察忘记了自己在做什么。

释广德穿着浸透汽油的长袍，面无表情。他念诵了一段简短的祷词，伸出手，慢慢地拾起了一根火柴。他保持着打坐的姿势，没有睁开眼睛，把火柴在沥青上划了一下，然后点燃了自己。

人群中爆发出哀号和尖叫声，许多人跪倒在地，情绪完全失控。大多数人被眼前发生的事情所震慑，动也动不了。

释广德一直保持着完全的静止。

《纽约时报》通讯员戴维·哈尔伯斯坦随后是这样描述这一场面的："我被震惊到连哭也哭不出来，大脑一片空白，以至于不能做笔记或问问题，混乱到甚至都无法思考了……整个过程中，他没有抽动过一块肌肉，也没有发出一点喊叫。他表现出的沉着与周围人的哀号形成了鲜明对比。"[13]

释广德自焚的消息迅速传播开来，激怒了数百万人。那天晚上，吴廷琰发表广播讲话时，听起来似乎也被这件事震惊到了。他承诺与佛教人士重新开始谈判，寻求和平解决方案。

但是为时已晚，释广德永远都不会复活。

整个社会的氛围有些不同了，街头巷尾更加活跃，吴廷琰的控制力被削弱了，包括他在内的每个人都可以感觉到。吴廷琰的军事指挥官开始违抗他，顾问们蔑视他。那位全身燃烧的和尚摧毁了堤防，洪水随之而来。

几个月后，吴廷琰死于暗杀。

释广德的照片触发了人们心中一些原始的东西，利用了我们生活经验中一个基本的组成部分：承受极大痛苦的能力。很多人甚至连在吃晚饭时挺直后背坐几分钟都办不到，这个人却一动不动地被活活焚烧。没有退缩，没有尖叫，没有微笑，甚至没有睁开眼睛最后看一眼他即将离开的世界。拍摄照片的摄影师后来说："我只是不断地拍摄、拍摄、拍摄，这样才能让自己免受恐惧的影响。"

他是意志胜于本能的最终例证。[14]

2011 年，纳西姆·塔勒布发表了一个叫"反脆弱"的概念。他认为，某些系统在外力的压力下会变得更弱，但也有的系统在外力下会变得更强大。[15]

世界上有很多脆弱的东西。花瓶很脆弱，容易破碎；银行系统很脆弱，很多意外变化都可以导致其崩溃。脆弱的系统就像美丽的小花或青少年的感受，必须时刻受到保护。同时，世界上也存在着一些强大的东西，可以很好地抵抗变化。花瓶很脆弱，你打个喷嚏它就会破碎。但是油桶就强大极了，你把它扔来扔去几个星期也不会发生什么，它还是一个油桶。

我们花费了大部分时间和金钱，试图让脆弱的东西变强大。你聘请了一位优秀的律师来让生意更加稳健，政府通过法规让金融体系更加健全。世界上有那么多规则和法律，目的都是防止脆弱的东西被破坏，让社会更加繁荣。

然而，世界上还有一种"反脆弱"的东西。脆弱的东西容易崩溃，坚固的东西能抵抗变化，而反脆弱的东西能从外部压力中获益。

初创企业就是反脆弱的企业，能快速找到失败的原因并从中获益。健康的恋爱关系是反脆弱的，不幸和痛苦使这段情感变得更牢固而不是更脆弱。退伍军人也经常说到，混乱的战争能在士兵之间建立起纽带，而不是瓦解关系。

人类的身体可以向脆弱和反脆弱两个方向发展，这取决于你的使用方式。如果你忙个不停并积极寻求痛苦，身体会变得反脆弱，这意味着你承受的压力和劳损越大，身体就会越强壮。通过锻炼和体力劳动来锤炼身体，可以增强肌肉和骨骼的密度，改善血液循环，还能给你带来一个翘臀。但是，如果你避免压力和痛苦，整天坐在沙发上看电视剧，那么肌肉就会萎缩，骨头就会变脆，你会退化成一个虚弱的人。

人类的思想按照相同的原理运作。它可以是脆弱的或者反脆弱的，这都取决于你的使用方式。当受到打击时，我们的思想便开始工作：推论原理，构建思维模型，评估过去并预测未来事件，使其中一些变得合理。这就是所谓的"学习"，它使我们变得更好，让我们从失败和混乱中受益。

但是当我们避免痛苦时，当我们避免压力、混乱、悲剧和无序时，思想就会变得脆弱。我们对日常挫折的容忍度降低了，于是生活范围必须相应地缩小到我们有能力应付的一小部分世界。

因为痛苦是普遍常数。无论你的生活有多好或多坏，痛苦都会在那里，你最终都会觉得它是可以控制的。唯一的问题是：你愿意参与其中吗？你会经营痛苦还是避免痛苦？你会选择脆弱还是反脆弱？

你所做的一切、所成为的一切、所关心的一切，你的人际关系、健康状况、工作成果、情绪稳定程度、诚信度、社会生活参与状况、生活经历的广度、自信和勇气的深度，你尊重、信任、宽恕、欣赏、倾听、学习和同情的能力，都反映了你的选择结果。

如果上述这些事情在生活中很容易被损坏，那是因为你选择了避免痛苦，选择了追求简单的快乐、欲望和自我满足的幼稚价值观。

我们对痛苦的承受能力正在迅速下降。这种减退不仅不能给我们带来更多的幸福，反而会让情感更加脆弱，这就是为什么一切看起来都那么糟。

很多现代人都知道冥想是一种放松技巧：穿上一条瑜伽裤，在温暖、舒适的房间里坐上十分钟，然后闭上眼睛，用手机播放一些舒缓的声音，告诉你自己生活没问题，一切都正常、都会好起来的，跟随你的心吧……

但是真正的冥想远比用花哨的应用程序减轻自己的压力要难得多。严格的冥想要求你安静且无情地坐着剖析自己，在理想情况下，每一个想法、每一个判断、每一个倾向、每一分钟的烦躁和情绪低落、每一丝假想的痕迹，都要在进入你脑海之前被捕捉、承认，然后释放回虚空。最糟糕的是，这件事没有止境。

人们总是感叹自己不擅长冥想，问题是你确实很难擅长冥想。当人们长时间冥想时，各种古怪的想法都会浮出水面：奇怪的幻想、数十年前的遗憾、一时的性冲动、难以忍受的无聊和常常被压抑的孤独感……这些想法都必须被观察、承认，然后放开。它们最终也都会消失的。

冥想从本质上讲是一种反脆弱的实践：训练你的思想，让它学会观察并控制无休止的痛苦之潮，而不是让自我被激流卷走。为什么每个人都不擅长这件看似简单的事情，原因就在于此。坐在一个坐垫上，闭上眼睛，能有多难呢？为什么鼓起勇气坐在这里就那么难呢？这些看似容易，但每个人都很难做到。[16]

大多数人都像孩子躲避做家庭作业一样躲避冥想，这是因为他们知道真正的冥想是什么：是直面你的痛苦，是在恐惧和荣耀中观察你的思想和内心。

通常，我只能坚持冥想大约一个小时。有一次我做了为期两天的静修，在最后阶段，我感到大脑在尖叫，要我放它出去玩。持续冥想是一种奇特的经历，混合着折磨人的无聊和令人恐惧的认知，你会明白任何你自以为对思想的控制都只是一种有用的幻觉。不信？那就试着在你的冥想中投入一些令人不适的情绪和记忆吧，比如一两次童年的创伤，这可不是闹着玩的。

想象一下，六十年来的每一天都在这样的冥想中度过。想象一下，你的内心会拥有钢铁般的意志和强大的分辨力。想象一下你的痛苦阈值，想象一下你的反脆弱能力……

优秀冥想者的杰出之处在于时刻岿然不动，沉着冷静，内心安宁。

有人说，承受苦难就像被两支箭击中。第一支箭带来身体上的疼痛，你会感受到刺穿皮肤的金属与身体碰撞所产生的力量。第二支箭带来精神上的痛苦，你会为遭受到的打击赋予意义和情感，会在脑海中产生关于自己是否应该被打击的价值判断。在许多情况下，精神上的痛苦远比身体上的痛苦更严重，精神上的痛苦会持续更长时间。

如果一个人可以通过练习冥想，让自己只被第一支箭击中，那么在遭受任何精神或情感上的痛苦时，他就能无往而不胜。

当一个人得到足够强大的专注力和反脆弱能力后，被人侮辱、被物体刺穿皮肤或汽油在身体上燃烧，这些都跟苍蝇掠过眼前时的感觉一模一样。

痛苦是不可避免的，但痛苦始终是一种选择。

一个人的经历和对这种经历的解释，始终是分开的。

感性大脑的感觉与理性大脑的思维之间总是存在间隙，你可以从中找到承受一切的力量。

儿童对疼痛的承受力很低，因为儿童的精神世界只有一个核心，那就是避免疼痛。对于孩子而言，未能避免痛苦就意味着找不到意义或目的。因此，即使最轻微的疼痛也会使孩子陷入恐慌。

青少年的疼痛阈值较高，因为他们知道疼痛通常是实现其目标的必要交易条件。青少年会先忍受痛苦，并期待着在未来获得某种利益，这让他们能够将一些艰辛和挫折纳入希望愿景之中：我会忍受学校的规矩，因为这样就能顺利毕业、找到一份好工作；我会和讨厌的姨妈打交道，因为这样就能和家人一起度假；我会在黎明时分锻炼，因为这样就能有良好的身材，看起来很出色。

当青少年觉得自己在讨价还价中吃了亏，当痛苦超出期望、却没有得到相应的回报，问题就来了。青少年会像孩子一样陷入希望危机：我付出了这么多，却没有得到多少回报，这有什么意义？这将把青少年带入痛苦的深渊，他们将与令人不适的真相进行不友好的会面。

成年人的痛苦阈值高得令人难以置信，因为成年人知道，要想让生活有意义，就需要承受痛苦。任何事都不可能被控制，任何事都不必讨价还价。你可以尽自己最大的努力去做，不用计较后果。

心理成长是摆脱痛苦的方法，是一个建立越来越复杂和抽象的价值等级、以忍受生活带来的阻碍的过程。

孩童的价值观是脆弱的。冰激凌消失的那一刻，尖叫就紧随着生存危机而来。青少年的价值观中包括了痛苦的必要性，所以更强健，但仍然容易被意料之外的事情伤害。在极端情况下，或在足够长的一段时间内，青少年价值观会不可避免地崩溃。

真正的成人价值观是反脆弱的，能从意外中受益。关系越糟，诚实就越有用。世界越恐怖，唤起面对世界的勇气就越重要。生活越混乱，谦卑就越有价值。

这些是后希望时代的美德，是真正的成年人价值观，是我们思想和内心的北极星。不管地球上发生什么动荡或混乱，它们都屹立于一切之上，未被触碰，始终闪耀着光芒，始终指引着我们穿越黑暗。

痛苦也是价值

许多科学家和技术爱好者相信，有一天人类将发展出"治愈"死亡的能力。我们的基因将被修改和优化，我们将开发出纳米机器人，以监视和消除可能对自己造成机体威胁的任何事物，生物技术将可以永久地替换和恢复身体，让我们永远活下去。

这听起来像科幻小说，但真的有人认为我们可以活着看到这项技术成为现实。[17]

表面上，消除死亡、克服自身的生物脆弱性、减轻所有的痛苦，这些都极其激动人心。但是我认为，这也可能会带来心理上的灾难。

首先，消除死亡就意味着消除了生命的稀缺性。如果消除了稀缺性，你就失去了确定价值的能力，因为所有事物看起来都同样好或者同样坏，同样值得花费时间和精力，或者同样不值得。你将有无限的时间和精力，可以花一百年的时间看同一期电视节目，可以任由人际关系恶化——既然因为那些人将永远存在，那为什么要在乎他们呢？你可以用一个简单的"嗯，反正我死不了"来告诉自己每一次消遣和放纵都是合理的，然后继续下去。

死亡在心理上是必不可少的，因为它创造了生命的价值。总有东西会消失，在失去某物之前，你不知道它的价值，不知道自己愿意为之付出、放弃或牺牲什么。

痛苦是我们价值观的尺子，没有损失（或损失的潜在可能）的痛苦，就根本无法衡量任何东西的价值。

痛苦是所有情感的心脏。负面情绪是因为经历痛苦而产生的，积极情绪是因为减轻疼痛而产生的。一味地避免痛苦，会使人更加脆弱，结果就是人的情绪反应与事件的重要性不成比例。汉堡中放了太多的生菜叶子会让我们崩溃，看一段胡扯的视频后，我们就沉迷在关于自身重要性的幻想里。生活将成为不可言喻的过山车，我们滑动着手机触摸屏，心脏也随之上下摇摆。

我们变得越反脆弱，我们的情感反应就越成熟，自我控制力就越强，价值观就越有原则。因此，反脆弱是成长和成熟的代名词。生命是一条永无止境的痛苦溪流，我们并不是要找到避开这条溪流的方法，而是要潜入其中，并成功地游到对岸。

因此，一味追求幸福就是避免成长、避免成熟、避免美德，就是把我们自己看作为达到在情绪上飘飘然的目的而采取的手段，就是牺牲了自我意识来感觉良好，就是牺牲尊严来变得更舒适。

古代哲学家知道这一点。柏拉图、亚里士多德和斯多葛学派说生活并不是关于幸福的，而是关于性格的，是发展承受痛苦和做出适当牺牲的能力。确实，那时的生活就是如此，是一场漫长的、持久的牺牲。勇敢、诚实和谦卑的古老美德都是实践反脆弱的方式，能让人从混乱和逆境中受益。

直到启蒙运动，直到科学技术的时代，社会经济如同经济学家们承诺的那样不停增长，思想家和哲学家才构想出了被托马斯·杰斐逊总结为"追求幸福"的想法。科学和财富减少了贫困、饥饿和疾病，人们误将这种痛苦的改善认作痛苦的消除。今天，许多人继续犯着这个错误，认为成长使我们摆脱了苦难。其实，成长仅仅是将苦难从生理上转变为心理上而已。[18]

平均而言，有些痛苦确实比别的痛苦更好。在其他条件相同的情况下，死于九十岁比死于二十岁更好，健康比生病更好，自由地追求人生目标比被别人强迫更好。实际上，你可以根据痛苦的程度来为财富下定义。

但是我们似乎已经忘记了古人所知道的：无论世界上产生了多少财富，我们的生活质量取决于自己的性格好坏，而性格好坏则取决于我们自身与痛苦的关系。

对幸福的追求使我们头朝下栽入了愚蠢轻率的陷阱中，引导我们走向幼稚。我们开始对更多事物产生不间断且不容异见的渴望，我们的心里出现了一个永远无法填补的空洞，那是腐败、成瘾、自怜与自残的根源。

而追求痛苦时，我们可以选择把何种痛苦带到生活中去。这种选择使痛苦变得有意义，也使生活变得有意义。

由于痛苦是生活的通用常数，从痛苦中成长的机会在生活中永远存在。我们需要做的就是不麻木、不要移开视线，而要参与其中并找到价值和意义。

痛苦是一切价值观的源泉，对自己的痛苦感到麻痹就是对世界上所有重要的事情感到麻痹。这就是成瘾症的问题所在：如果一个人变得麻木，无法感受痛苦，那他也将失去从任何事情中找到价值的能力，这会产生更大的痛苦，导致更严重的麻木。这种情况会一直持续到这个人到达深渊底部为止，那里的痛苦更加剧烈，任何人都无法麻痹自我。

减轻痛苦的唯一方法就是参与其中并不断发展自我。痛苦打开了道德鸿沟，最终成为我们最深沉的价值观和信仰。

当我们否认自己拥有因某个目的而感到痛苦的能力时，我们就否认了自己拥有感到生活中存在着任何目的的能力。

第八章 别让感官骗了你

在 20 世纪 20 年代，女性是不吸烟的。如果她们吸烟的话，会被社会严厉批判。那时的人们相信，就像读大学或当选国会议员一样，吸烟的权力也应该留给男人。丈夫们会对妻子这样说："亲爱的，你可能会受到伤害。或者更糟，你可能会烧焦那一头秀发。"

这就意味着，社会上有一半的人因为怕被视为不礼貌等原因而不吸烟。对烟草行业来说，这是个大问题。当时美国烟草公司的总裁乔治·华盛顿·希尔曾说："一座金矿就在我们的前院里。"该公司曾多次尝试向女性推销卷烟，但似乎从没达成任何效果，社会对女性吸烟的文化偏见简直太根深蒂固了。

1928 年，美国烟草公司聘请了爱德华·伯尼斯负责市场营销。伯尼斯是一名年轻的营销高手，有着近乎疯狂的想法，善于策划不同凡响的推广活动。[1] 他当时惯用的营销策略与广告行业中其他任何人的都不一样。

19 世纪初期，人们认为做营销就是以最简单的形式传达产品有形、真实的好处。当时的人们根据事实来选购产品，如果有人想买奶酪，那么你必须用事实告诉他们为什么你的奶酪是最出色的——新鲜的法国山羊奶，经过十二天加工处理，冷藏运输……商家认为消费者是理性的，会为自己做出理性的购买决定。这就是由经典假设推导出的结果——理性大脑在负责一切事务。

但伯尼斯是反常规的，不相信人们通常情况下会做出理性的决定。他的观点正好相反：人都是情绪化和冲动的，只是这一面被很好地隐藏了起来。他认为是感性大脑在负责一切事务，只不过没有人意识到这一点罢了。

烟草行业一直在试图用符合逻辑的论点说服女性购买香烟，但伯尼斯却认为，说服女性吸烟是一个与情感和文化有关的难题，想解决这个难题，就不得不从女性的思想而不是价值观入手。他决定在女性身份上做文章。

为了实现这一目标，伯尼斯找来一些女性，把她们带到纽约市的复活节游行队伍中。如今，大型节日游行是你在沙发上入睡时电视上播放的俗气节目，但在那个时候，游行是重要的大型社交活动。

伯尼斯确定了一个适当的时机，让这些女性同时停下脚步并点燃一根香烟。他聘请了摄影师替这些抽着烟的女士拍下美丽迷人的照片，然后发给所有主要的全国性报纸。他告诉记者，这些女士不只在点燃香烟，更是在点燃"自由的火炬"，展示她们有能力维护自己的独立性，做自己想做的事情。

当然，这些都是假新闻，但是伯尼斯知道这将在全国女性中触发合适的情绪反应。要知道，九年前女权主义者刚刚为妇女赢得了选举权，现在女性已走出家庭，正在外面工作，成为经济发展中不可或缺的一部分。她们剪短头发，穿更性感的衣服，大胆表达自己的主张，并视自己为第一代可以独立于男人行事的女性。许多人都对此有着强烈的情感。如果伯尼斯能够在女性解放运动中顺便传达"吸烟等于自由"的信息，那么烟草销量将翻一番，他将成为一个有钱人。

他的办法奏效了，女性开始吸烟。从那以后，在罹患肺癌这件事情上男女平等了。

伯尼斯在 20 世纪 20 年代、30 年代和 40 年代继续开展这样的"文化运动"。他彻底改变了营销行业，并在这个过程中发明了公共关系学。付钱让性感的明星来使用你的产品？那就是伯尼斯的主意。用软文委婉地为公司做广告？也是他的主意。举办有争议的公共活动，在招来骂名的同时吸引客户的注意力？还是他的主意。几乎所有我们今天在使用的营销和宣传形式都始于他。

关于伯尼斯，还有一个有趣的事实：他是西格蒙德·弗洛伊德的侄子。

弗洛伊德是第一个认为感性大脑真正控制着意识汽车的现代

思想家，并因此而"臭名昭著"。弗洛伊德认为，是不安全感和羞耻感在驱使人做错误的事，比如有些人用过度放纵的方式来弥补他们认为自己缺乏的东西。弗洛伊德意识到人都会先在脑海中讲述关于自己的故事，然后在情感上依附于这些故事并努力维护它们。[2] 他认为，我们归根结底都是动物，冲动，自私且情绪化。

弗洛伊德在一生中的大部分时间里都穷困潦倒。他是典型的欧洲知识分子，孤立、博学、深陷在哲学中。但他的侄子伯尼斯是美国人，很实际，也很有执行力。去他的哲学！我想发财。你看，经过营销角度的诠释后，弗洛伊德的想法发挥出巨大威力。[3] 通过弗洛伊德，伯尼斯掌握了业内其他人从未理解到的东西：如果能成功利用人们的不安全感，那他们几乎会买任何你让他们买的东西。

卡车被推销给男性，因为它能证明力量和可靠性。彩妆被推销给女性，因为它能帮助获得更多爱和关注。啤酒杯被推销给大众，因为它能让人心情畅快，让一场派对更有气氛。

今天人们仍然使用这些方法。学习营销时，第一课就是如何找到客户的痛点，然后巧妙地使他们觉得自己很糟糕。这个套路就是，先刺中人们的羞耻感和不安全感，然后转过身告诉他们你的产品能消除羞耻和不安。换句话说，营销人员要找到客户的道德鸿沟，强调它的存在，然后提供一种弥补这些鸿沟的方法。

一方面，这创造了我们今天体验到的经济多样性，增加了社会财富。另一方面，如果以诱发内心不安为目的的营销信息不断增多，如果每个人在每一天都被成千上万的广告击中，那么我们在心理上一定会深受影响，没办法感觉良好。

是什么让世界运转？

世界因为一件事而运转——感觉。

这是因为人们愿意花钱在使自己感觉良好的事情上。资金流向哪里，权力就流向哪里。因此，你越能影响世界各地人们的情感，就越能积累到金钱和权力。

金钱本身就是一种用来弥合人与人之间道德鸿沟的东西。我们都喜欢它，因为它能让生活变得稍微轻松些。在人际交往中，它能帮我们将各自的价值观转变成通用的交换物。你喜欢贝壳，我喜欢用不共戴天的敌人的鲜血来施肥，那么你在我的军队中作战，我给你很多贝壳——成交吗？

世界并没有发生什么巨大的改变，它曾由情感支配，现在仍然由情感支配。技术进步只是让感官经济更加繁荣的一种手段。举例来说，没有人尝试发明会说话的华夫饼干，因为那真是太诡异了，令人毛骨悚然，更别说可能营养也不是很丰富。但是技术会被用来研究和发明使人感觉更好或不让人感觉更糟的东西：圆珠笔、发热坐垫、房屋管道密封垫……人们对这些发明出来的东西感到兴奋，于是开始掏钱，经济繁荣就这样出现了。

有两种在市场上创造价值的方法：

创新（迭代痛苦）。创造价值的第一种方法是用一种可以容忍的痛苦来代替另一种痛苦，最典型的例子就是医疗方面的创新。脊髓灰质炎疫苗用被针刺痛几秒钟来代替让人虚弱的终生疼痛和行动不便，心脏手术用被刀划出一道伤口、不得不休息一两个星期取代了死亡。

转移（避免痛苦）。 在市场上创造价值的第二种方法是帮助人们对痛苦感到麻木。创新会给人们带来更好的痛苦，而转移只会延迟原有的痛苦，甚至让它变得更糟糕。转移注意力的可以是周末的海滩旅行、与朋友共度夜晚、与恋人一起看电影、通宵喝个烂醉……转移注意力不一定有错，我们偶尔都需要这么做。但是，当这种行为开始统治生活，并从我们的意志中夺取控制权时，问题就发生了。许多娱乐方式切断了我们大脑中的某些回路，让人上瘾。你越避免痛苦，痛苦就会变得越严重，进而让你不得不进一步避免痛苦。到了某个阶段，痛苦就会像一个令人讨厌的雪球，越滚越大，以至于让你的避免变成强迫性的行为，让你失去了对自己的控制。理性大脑被感性大脑锁在后备厢中，直至受到下一次打击时才逃出来，随之而来的就是恶性循环。

当第一次科学革命开始时，大多数经济进步都是因为创新产生的。在当时，绝大多数人生活在贫困中，忍受着疾病、饥饿、寒冷和疲倦。只有少数人识字，绝大多数人的牙齿都不好，生活一点也不好玩。在接下来的几百年中，随着机器的发明和城市、劳动分工、现代医学、卫生设施的出现，贫困和痛苦得到缓解。疫苗和药品挽救了数十亿人的生命，机器承担了繁重的工作，饥荒不再频繁发生。

科技减轻了人类的痛苦，这毫无疑问是一件好事。

但是，当多数人都相对健康和富裕时会发生什么？这时大多数科技的目的就从创新变为转移，从迭代痛苦变为避免痛苦。真正的创新是有风险的、困难的，并且往往是不值得的。历史上有许多创新都使发明家破了产，陷入贫困之中。如果有人要冒险创办公司，那么走转移路线是一个比较安全的选择。

于是我们发起的大多数技术革新，都只是想方设法以新的、更有效的、更具侵入性的方式扩大风险转移的规模。正如风险投资家彼得·泰尔所说："我们想要的是会飞的汽车，得到的却是社交网络。"

一旦经济的优先级向转移痛苦倾斜，文化就会开始转变。如果一个贫穷的国家获得了先进的医疗、便利的通信以及其他技术革新成果，每个人的痛苦逐渐被迭代为更好的痛苦，那么幸福感数值会稳定上升。但是一旦这个国家足够发达，幸福感数值曲线就会趋于平缓，在某些情况下还会下降。[4]与此同时，患有精神疾病和感到焦虑的人数会激增。[5]

为什么会发生这种情况呢？

如果给一个贫穷的国家带来现代技术革新的成果，那就可以使这个国家的人更加健壮、更加反脆弱。他们可以在不太艰苦的环境中生存，提高工作效率，在社区中更好地工作和交流。

但是，一旦将这些技术整合在一起，每个人都拥有一部手机和一份麦当劳的开心乐园餐，那么现代社会伟大的娱乐产品就会进入市场，对痛苦的转移就出现了。这时，人们的心理就会变得脆弱，一切似乎都变得糟透了。

商业时代始于 20 世纪初，也就是伯尼斯发现可以针对人们潜意识中的感觉和欲望进行推销的那个时候。[6] 伯尼斯不在乎青霉素或者心脏手术。他兜售着香烟、八卦杂志、美容产品……在他之前，还没有人能想出办法让消费者花大笔金钱购买对生存没有必要的东西。

营销学满足了人们对幸福的追求，也带来了现代的淘金热。流行文化应运而生，名人和运动员富得流油，奢侈品第一次开始被大批量生产并向中产阶级推销。让生活变得便捷的技术爆炸式增长：微波炉、快餐、懒人沙发，等等。生活变得如此简单、快捷、高效和轻松，以至于在短短一百年间，人们就能拿起电话并在两分钟内完成过去需要两个月时间才能完成的任务。

那时的生活虽然比以前复杂，但与今天相比仍然相对简单。在同质的文化中，生存着大批忙碌的中产阶级人士，他们看相同的电视频道，听相同的音乐，吃相同的食物，在相同款式的沙发上放松，阅读相同的报纸和杂志。那个时代具有连续性和凝聚力，这带来了一种安全感。在那段时间里，人们都是自由的，这令人感到安慰。我相信，正是这种社交凝聚力使今天的许多人如此怀念当初。

然后，互联网就出现了。

互联网是一种真正的创新。在所有其他条件没有改变的情况下，它从根本上大幅度地改善了生活。

但问题出在人们自己身上。

发明互联网的初衷是好的：硅谷与其他地方的发明家和技术人员对数字化的星球寄予厚望。他们几十年来一直致力于实现将人和信息无缝联网的愿景。他们认为，互联网将解放人类，消除看门人 [a] 和等级制度，使每个人平等地获得相同的信息和表达自我的机会。他们认为，如果每个人都有发言权，并且可以通过简单有效的方式分享自己的声音，那么世界将是一个更美好、更自由的地方。

在整个 20 世纪 90 年代，人们开始有了一种近乎乌托邦式的乐观情绪。技术人员设想了一个全球人口都受过高等教育的世界，人们可以利用唾手可得的无限智慧。他们看到了在不同国家、种族和生活方式之间产生更多同理心和理解的机会。他们梦想着一场统一的全球运动，出发点是和平与繁荣这样的共同利益。

但是他们忘记了。

他们被个人希望所困，以至于忘记了。

他们忘记了世界不是依靠信息在运作的，人们不是根据真理或事实做出决定的，是不会根据数据而消费的。

世界是依靠情感而运作的。

而且，当你向普通人提供拥有无限智慧的宝库时，他们并不会从中搜索与自己内心最深处恪守的信念背道而驰的信息，不会

---

a　指有权决定谁可以得到资源和机会的那群人。

在谷歌上找真实但令人不快的内容。相反，大多数人都会用谷歌搜索令人愉快但不真实的东西。

而那些提供信息的人，并没有阻止人们自由表达自己糟糕的心情，反而从中获利。因此，我们这个时代最大的创新已逐渐转变为最大的娱乐。

最终，互联网并没有提供人们需要的东西，而是提供了他们想要的东西。如果你在本书中学到了哪怕一点点关于人类心理学的知识，就会知道这非常危险。

假自由

在当下时代，商业活动比以往更活跃，人们积累起前所未有的财富，创造出的利润打破了历史新高。生产力不断发展，经济飞速增长，但同时，收入不平等的现象也越来越严重，由此带来的很多问题在全世界蔓延。

因此，商业世界中不仅充满了活力，也存在一种奇怪的防御机制。有时候，这种防御机制不知从哪儿就冒了出来。我已经注意到，无论是谁在采取防御，措辞都是一样的："我只是在提供人们想要的东西！"

无论是驾驶"油价过山车"的石油公司、令人起鸡皮疙瘩的广告商，还是个别窃取用户数据的社交网络公司，每家陷入困境的公司为了全身而退，都疯狂地提醒所有人，他们只是在试图提供人们想要的东西——更快的下载速度、更舒适的空调、更好的油耗——这到底有什么错呢？

这倒不假，现代科技能比以往更快、更有效地制造出人们想要的一切。很多人喜欢对大型企业的道德问题横加指责，却忘记了他们只是在满足市场的愿望，满足消费者的需求。况且，就算是抵制了某家"邪恶"的巨头公司，也还会冒出另一家来取代它。

因此，问题可能不仅仅出在那群贪婪的商人身上，他们一边抽雪茄，一边撸着邪恶的猫，一边歇斯底里地笑着说自己赚了多少钱。

或许，还因为我们想要的东西很糟糕。

我想在客厅里放一袋像人那么大的棉花糖，我想借这辈子都无法还清的钱来买一栋豪宅，我想从明年开始每周都飞去一个新的海滩度假，只吃纯正的日本和牛牛排……

我想要的东西都荒唐极了，因为感性大脑正控制着我的想法，而理性大脑此刻神志不清，就像一只喝得烂醉的黑猩猩。

"提供人们想要的东西"是一项很容易达成的任务，但是提供太多避免痛苦的方法就很危险了。首先，许多人想要的东西很可怕。第二，许多人很容易被伯尼斯这样的人操纵，买下他们实际上不想要的东西。第三，鼓励人们通过越来越多的娱乐来避免痛苦，会让人变得更加怯懦和脆弱。第四，我不想要你那天网恢恢的广告无时无刻地跟着我，挖掘我的生活来获取数据。是的，我曾经和妻子谈起去秘鲁旅游，但这不意味着接下来的六周内，你要用马丘比丘的照片淹没我的手机。我是认真的，别再看我的聊天记录了，别把我的数据卖给任何会付给你一美元的人。[7]

很多很多年前，伯尼斯就看到了正在到来的这一切——令人起鸡皮疙瘩的广告、对隐私权的侵犯、通过无意识的消费主义对大量人口的驯服和奴役——这家伙是个天才，但他支持这一切，所以是一个邪恶的天才。

伯尼斯认为，对大多数人来说，自由既是不可能的，也是危险的。通过阅读弗洛伊德叔叔的著作，他清楚地意识到，社会最不应该容忍的一件事就是每个人的感性大脑在指挥一切。社会需要秩序、等级制度、权威，而自由与那些事物是对立的。他将营销视为一种极好的新工具，可以给人们带来自由的感觉，而实际上，所谓的自由只是有更多香型的牙膏可供选择。

值得庆幸的是，绝大部分国家的政府从未低劣到需要通过营销活动来直接操纵其人民，反而是很多公司非常擅长满足人们的各种需求，并因此而逐渐为自己赢得了越来越多的政治权力。法规被撕毁了，政府的监督结束了，隐私被侵犯了，金钱比以往任何时候都更与政治挂钩。为什么会这样？你应该已经知道答案了：他们只是在提供人们想要的东西！

"提供人们想要的东西"是假自由，因为大多数人想要的就是娱乐，而当人被淹没在转移痛苦的方法中时，事情就会越来越糟。

首先，我们会变得越来越脆弱。世界不断缩小，以适应我们不断缩水的价值观。我们沉迷于舒适和愉悦，任何可能让愉悦感丧失的事情都像是地震。我要说的是，缩小我们感知中的世界并不是自由，而是自由的反面。

第二，我们容易产生一系列低级的上瘾行为——强迫性地检查手机短信和电子邮件，强迫性地看完自己不喜欢的电视剧，强迫性地分享愤怒的文章（哪怕还没有读过），强迫性地参加自己不喜欢的聚会和活动，强迫性地去某个地方旅行（不是因为想去，而是因为想说去过了）。为了体验更多而做出的强迫行为不是自由，同样是自由的反面。

第三，我们无法识别和容忍负面情绪，这本身就很糟。如果你只有在生活轻松幸福、不需要努力也没有痛苦的时候才感觉良好，那你就不是自由的。你是自我放纵的囚徒，被自己的不宽容奴役，因为情绪上的弱点而成了残疾。你将不断需要外部的抚慰或认可，尽管这样的抚慰或认可或许永远都不会到来。

第四，我们会遇到选择的悖论。获得的选择越多（即拥有的"自由"越多），就越会对自己做出的选择感到不满。[8] 如果汤姆必须在两盒麦片之间做选择，而麦克可以从二十盒麦片中做选择，那么麦克并不比汤姆拥有更多的自由。确实，他可以选的种类更多，但是选择多并不意味着自由，只是同样毫无意义的东西在以不同的方式排列而已。

这是将自由从人类意识中拔高出来造成的问题。过多的选项并不能使我们更自由，反而使我们因为担心是否做出了最好的选择而焦虑，使我们变得更倾向于将他人视为手段而不是目的。这会使我们更加依赖无穷无尽的希望循环。

如果说对幸福的盲目追求使我们所有人都回到了儿童状态，那么这种虚假的自由正企图把我们留在那种状态里。自由并不是有更多的麦片品牌可供选择，或者更多的海滩度假可以用来自拍，或者更多的卫星频道让我们看着电视入睡。这些只是物质生活的多样性而已，你不能单纯地从这种多样性中获取意义。如果你被不安全感所困，被疑惑所束缚，被不宽容所限制，那么就算拥有世界上最丰富的物质生活，你仍然不是自由的。

真自由

自由的唯一真实形式是自我限制。不是选择生活中想要的一切特权，而是选择在生活中你要放弃什么。

这不仅是真正的自由，还是唯一的自由。转移痛苦的方法来来去去就那么多，快乐永远不会长久。但你总是可以选择愿意牺牲的东西、愿意放弃的东西。

这种自我克制是唯一能带来真正自由的东西。定期进行体育锻炼的痛苦最终会给你的身体带来自由——你的力量、灵活性、忍耐力和持久力都会大幅度提升。为高尚职业道德做出的牺牲给了你追求更多工作机会的自由，你可以掌握自己的职业发展轨迹，赚取更多的金钱，获得随之而来的收益。愿意与他人进行争论可以让你自由地与任何人交谈，看他们是否认同你的价值观和信仰，发现他们能为你的生活增添什么，你可以为他们的生活增添什么。

只需选择要施加在自己身上的限制，你就可以变得更加自由。你可以选择每天早早起床，直到中午前都不收电子邮件，从手机中删除社交软件……这些限制将让你自由，因为它们将解放你的时间、注意力和选择能力。它们把你的意识本身视为一种目的。

如果你很难坚持去健身，那可以在健身房里租一个储物柜，把所有的工作服都留在那里，这样每天早晨你就不得不去健身。限制自己每周只参加两到三场社交活动，这样你就不得不与最在乎的人一起度过时光。给亲密的朋友或家人写一张三千美元的支票，告诉他们，如果你再抽一根烟，他们就可以兑现那张支票。这是一种与感性大脑合作的办法——吓唬它，让它做正确的事情。

最终，你人生中最有意义的自由将来自你的承诺，也就是在生活中你选择为之牺牲的事物。我已经弹了二十年吉他了，这其中有自由，一种展现出深层次艺术表达的自由，这是你仅仅记住几十首歌所无法获得的。在一个地方生活五十年之久也蕴含了一种自由，那就是对社区的亲密和熟悉，这是无论你看了多少世界都无法得到的。

更大的承诺让你看得更深远，而缺乏承诺则让你变得肤浅。

在过去的十年中，生活黑客（life hacking）ᵃ 这种趋势一直在

---

a 这个短语最初指的是程序员为了方便自己而创建的一些技术性的快捷工具，现在指以更好、更快、更便宜的手段解决问题的方法。

流行。人们希望在一周内成为武术冠军，一个月内学会一种语言，一年内游玩十五个国家，并想出了各种各样的"秘诀"来做到这一点。如今，你在社交网络上到处都可以看到人们进行着各种荒唐的挑战，就是为了证明自己可以做到这些。但是，用这些"秘诀"来生活，其实是试图在没有做出承诺的情况下获得承诺的回报。这是另一种可悲的假自由，是喂给空虚灵魂的卡路里。

我最近读到这样一个人的故事，他记住了某个国际象棋程序使用的所有招式，以证明自己可以在一个月内"掌握"国际象棋。其实这个人对国际象棋一无所知，既不了解其历史发展，也不学习战略、战术。他就像做一项超大型的家庭作业那样对待国际象棋：记住招式，找机会战胜某个排名颇高的玩家，然后宣布自己精通于此。不过，这个人最后还是输给了国际象棋大师。

在这个过程中，他得到的只不过是一些东西的表象而已。看起来，他似乎做出了承诺和牺牲，完成了一件有意义的事情，实际上并没有。

虚假的自由把我们放在跑步机上，让我们追求更多。真正的自由则让我们有意识地决定活得更简单。

虚假的自由看似快乐，甚至会令人上瘾，无论你拥有多少，总会觉得还不够。真正的自由甚至可能是枯燥的。

虚假的自由性价比很低，想得到相同程度的喜悦和意义，你需要付出越来越多的精力。真正的自由有很高的回报率，想得到同样程度的喜悦和意义，你需要的精力越来越少。

虚假的自由将世界视为无数的交易和讨价还价，你觉得自己会赢。真正的自由是无条件地看世界，唯一的胜利就是超越自我。

虚假的自由需要世界肯定你的意愿。真正的自由不需要世界做任何事。

归根结底，转移痛苦的方法及其产生的虚假自由限制了我们体验真实自由的能力。我们拥有的选择越丰富，面对的世界越多样，选择、牺牲和专注就变得越困难。今天，这个难题正在世界上的很多地方蔓延。

2000 年，哈佛大学的学者罗伯特·普特南出版了他有深远影响的著作《独自打保龄球：美国社区的崩溃与复兴》。[9] 他记录了全美国公民社会活动参与度的下降：人们参加的团体越来越少，更愿意独自活动。其实光看书名就能认识到这一现状了，打保龄球的人比以前更多，保龄球联盟却越来越少，人们都在独自打球。普特南的著作是关于美国的，但这现象不局限于美国。[10]

普特南认为，社会的这种原子化趋势会产生重大影响：信任度下降，人们变得更加孤立，人际间的偏执多疑也随之加重。[11]

孤独感也是一个日益严重的问题。新的研究表明，我们正在用少数高质量的人际关系来代替生活中的大量流于表面的短暂关系。[12]

根据普特南的说法，各种社会组织正被过度的娱乐破坏，人们更愿意留在家中看电视、上网或玩游戏，而不是走出门去，参加当地的某些组织或团体。他还说，情况只会变得更糟。[13]

在当今世界的大部分地区，人们能选择读什么书、玩什么游戏、穿什么衣服……唯独无法选择自己的快乐。没错，现代化的娱乐方式无处不在，但新时代的"暴政"不是通过剥夺人们的娱乐方式来实现的，而是让人们的生活中充满大量转移痛苦的方法，大量无用的信息和无聊的消遣，以至于无法做出明智的承诺。仅仅过了几代人的时间，伯尼斯的预言就成真了，互联网的广度和操控力实现了他在全球范围内开展宣传活动、让公司默默引导欲望和希冀的愿景。

但是，我们不要给伯尼斯太多荣誉。毕竟，他是邪恶的天才。

其实，还有一个人在伯尼斯之前就看到了这即将来临的一切。他看到了假自由的危险，看到了转移痛苦让人们在价值观方面变得短视，看到了太多的快乐是怎样让我们变得幼稚、自私、不知感恩、让人难以忍受。因此，这个人比你在电视和网络上见过的任何人都要更聪明、更有影响力。他是政治哲学的元老级人物。可别用"灵魂的教父"来称呼他，因为是他发明了灵魂这个概念。他在几千年前就看到了这场史无前例的暴风雨。

柏拉图的预测

英国哲学家和数学家阿尔弗雷德·诺斯·怀特海有一句著名的话：整个西方哲学史似乎都不过是"对于柏拉图的一系列注脚"。[14] 任何你能想到的话题，从浪漫爱情的本质，到世界上是否存在真相，再到美德的意义，柏拉图都有涉及。

柏拉图是第一个提出理性大脑与感性大脑之间生来就有分隔的人，[15] 是第一个主张人必须通过自我克制而不是自我放纵来建立品格的人。[16] 柏拉图真是太厉害了，"想法"这个词本身就源于他——因此，可以说他发明了"想法"这个想法。[17]

有趣的是，尽管柏拉图是西方文明的教父，但他曾宣称过民主并不是最理想的形式，这件事非常著名。[18] 他认为民主本质上是不稳定的，会不可避免地释放人性中最糟糕的方面。他写道："除了改变极端的奴隶制之外，我们不能指望极端的自由带来什么。"[19]

民主制度旨在反映人的意愿。我们知道，当人们可以自由做出选择时，会本能地从痛苦中逃脱，走向幸福。而当人们获得幸福时，问题就会出现。由于蓝点效应，人们永远不会感到全然的安全或满意，欲望会随着环境的变化而同步增长。

最终，制度将无法跟上人们的欲望。当制度无法跟上人们对幸福的需求时，人们就会开始指责制度。

柏拉图说，民主会不可避免地导致道德沦丧，因为人们会越来越多地沉迷于假自由中，变得更加幼稚和以自我为中心。当幼稚的价值观接管一切之后，人们将不再希望通过谈判争取权力，不想为了更高层次的自由或繁荣忍受痛苦。相反，他们想要的是一位强大的领导者，可以随叫随到，立刻让一切都恢复正常。[20]

有一句俗语叫"自由不是免费的"，这句话是用来提醒人们：嘿，你身边的幸福不是奇迹般降临的，成千上万人的牺牲，就为了让我们可以坐在这里喝摩卡星冰乐，无忧无虑地聊天。我们享受的一切都是通过对抗外部力量并做出牺牲而获得的。

但是人们忘记了，这些权利也是通过在对抗内在力量时的牺牲而获得的。民主只有在你愿意容忍不同观点时、愿意为了营造一个健康的集体而放弃一些你可能想要的东西时、愿意妥协并接受"人生不如意十之八九"的现实时才存在。

换句话说，民主要求每个人非常成熟，品格坚强。

但在过去的几十年中，很多人似乎都错以为"没有感到不适"就是自由。人们希望有表达自我的自由，却不想面对可能会刺激或冒犯到自己的观点；想要成立企业的自由，却不想履行纳税义务，从而让这种自由成为合法机制；想要人人平等，却不想接受这一事实——平等需要每个人都经历相同的痛苦，而不是每个人都享受相同的乐趣。

自由意味着不适和不满，因为当社会变得更加自由时，每个人都将被迫承认更多与自己相冲突的观点、生活方式和理念，并与之妥协。我们对痛苦的容忍度越低，越沉迷于虚假的自由中，就越无法维护一个自由的社会所必需的美德。

看吧，成熟和坚韧的内心，才是你获得真正自由的前提。

第九章　打赢未来的对手

1997 年，由 IBM 开发的超级计算机"深蓝"击败了世界上最优秀的国际象棋大师加里·卡斯帕罗夫。这次事件是计算机历史上的分水岭，像地震一样动摇了许多人对技术、智能和人性的理解。但在今天，它只是一个久远的记忆。一台计算机当然会在国际象棋上击败世界冠军，为什么不会呢？

从计算机被发明开始，国际象棋一直都是人们用来测试人工智能先进程度的工具。[1] 因为棋局有几乎无限种排列组合，可能发生的变化比宇宙中可观察到的原子数目还要多。在一局棋中，从任意一个位置开始观察接下去的三四步，就有数亿种变化。

要想与人类玩家旗鼓相当，计算机不仅必须能够算出数量庞大的可能结果，还要有可靠的算法来帮助其确定值得计算的内容。也就是说，必须对计算机进行编程，让它有能力评估哪些棋局更有价值或者更没有价值。

尽管计算机的理性大脑远胜于人类，但要打败人类玩家，它还必须有强大的感性大脑。[2]

从 1997 年那一天开始，计算机下国际象棋的能力就一直在以惊人的速度进步。在随后的十五年中，国际象棋软件经常会打败顶尖的人类玩家，甚至有时候会以令人尴尬的大比分战胜人类。[3] 今天，计算机早就把人类远远甩开。卡斯帕罗夫本人最近开玩笑说，大多数智能手机上安装的国际象棋应用程序都"比曾经的深蓝强大得多"。如今，国际象棋软件开发人员经常举办比赛，以决出谁开发的算法最厉害。人类棋手被排除在这些赛事之外，而即使被允许参赛，他们的排名也不会高到能影响结果。

过去几年中，国际象棋软件里无可争议的冠军一直是一个名为"鳕鱼"的开源程序，自 2014 年以来，它几乎在所有重要的国际象棋软件锦标赛中都赢得了冠军或者亚军。这个软件是六名毕生都致力于国际象棋软件开发的程序员协作的成果。今天，"鳕鱼"代表了国际象棋逻辑的巅峰。它可以分析任何棋局、任何位置，并在玩家做出任何举动后的数秒内提供大师级的反馈。

直到 2018 年，"鳕鱼"都开心地坐在国际象棋计算程序界的国王宝座上，成为全世界所有国际象棋软件的标杆。而这一年，谷歌公司也参与了竞争。

之后的事态发展有些奇怪。

谷歌公司有一个名为"阿尔法零"的程序。它不是国际象棋软件,而是人工智能软件。它编入的程序是用来学习的,不仅仅是学国际象棋,而是所有游戏。

2018年初,"鳕鱼"和"阿尔法零"进行比赛。从表面上看,这场比赛离公平竞争相去甚远。"阿尔法零"每秒只能计算8万个棋局位置,而"鳕鱼"呢?每秒7000万个。就计算能力而言,这个差距就像人和一辆一级方程式赛车赛跑一样悬殊。

更要命的是,直到比赛当天,"阿尔法零"甚至都不知道如何下国际象棋。没错,在与世界上最好的国际象棋软件比赛之前,"阿尔法零"只有不到一天的时间从头学起。在一天中的大部分时间里,它都在与自己进行模拟的国际象棋竞赛,学习游戏是如何进行的。通过反复试验,它以与人类相同的方法制定了策略和原则。

要知道,国际象棋可是这个世界上最复杂的游戏之一。想象一下:你只有不到一天的时间来了解国际象棋的游戏规则、摆弄棋盘、思考策略,而你的第一场比赛将与世界冠军对抗。

祝你好运。

然而,"阿尔法零"赢了,而且赢得很轻松。双方进行了一百场比赛,"阿尔法零"或战胜或打平了每一局棋。

我再重复一遍:在学会国际象棋规则仅九个小时之后,"阿尔法零"就战胜了世界上最会下国际象棋的独立存在体,在一百局比赛里,它连一局都没有输过。

人类的国际象棋大师对"阿尔法零"的创造力赞叹不已。丹麦国际象棋大师彼得·海涅·尼尔森说道:"我曾经一直想知道,如果一个更优越的物种降落到地球上，并向人类展示他们如何下国际象棋，那会是怎样的情况。我现在知道了。"[4]

完成和"鳕鱼"的对战之后，"阿尔法零"并没有休息。好吧，休息是给脆弱的人类准备的，英雄的人工智能软件开始自学日本将棋。

将棋，经常被称为日本的象棋，但许多人认为它比国际象棋更为复杂，因为你可以控制对手的棋子。国际象棋大师卡斯帕罗夫在 1997 年就输给了计算机，而直到 2013 年，顶尖的将棋玩家才开始输给计算机。然而，"阿尔法零"再次战胜了顶尖的将棋软件 Elmo，并且又是一次完胜：在 100 局比赛里，"阿尔法零"的成绩是 90 胜、2 平、8 负。

这一次，"阿尔法零"的计算能力同样弱于对手，"阿尔法零"每秒可以计算 4 万步，而 Elmo 每秒可以计算 3500 万步。这一次，"阿尔法零"同样后发制人，在比赛前一天它甚至都不知道怎么下将棋。

这就是"阿尔法零"，它在早上自学了两种非常复杂的游戏，到日落时分，就碾压了地球上最著名的对手。

看来，人工智能的时代即将到来。想想吧，一旦我们将人工智能从棋盘游戏中解放出来，让它参与到董事会议中，那么你、我和其他所有人就很可能都要失业了。

人工智能已经发展出了自己的语言，而人类无法理解。它们能比人类医生更准确地诊断肺炎，甚至可以撰写还过得去的哈利·波特同人小说。[5] 就在我写这本书的时候，人类马上就要拥有无人驾驶汽车、自动法律咨询，甚至计算机生成的艺术与音乐作品了。[6]

人工智能将在几乎所有方面超过人类：医学、工程、建筑、艺术、技术创新，等等。这是一定会慢慢发生的事情。将来的某天，你会欣赏到由人工智能制作的电影，并在人工智能主持的由人工智能建造的网站或手机平台上进行讨论，甚至发现与你争论的"人"都将是人工智能。

听起来很疯狂，但这仅仅是开始。如果在未来的某天，人工智能编写出的人工智能程序比人类编写出的还要好，那么事情就真的会向不可预测的方向发展了。

当那一天到来时，人工智能就可以凭自主意愿孵化出更好的版本。请系好安全带吧，因为人类将踏上一次疯狂的旅程，并且无法把握前进的方向。

人工智能的发展将达到一个点。那时，它们的智能会远远超过人类的智能，我们也不再有能力理解它们的行为。汽车会因为我们不知道的原因来接我们，再将我们带到不知道的地方。我们会意外地收到药物，来解决自己尚且不知道的健康问题。我们的孩子会突然转学，我们会突然换工作，经济政策会突然改变……而没人能完全理解其中的原因。

人类的理性大脑太慢，感性大脑太不稳定、太危险。就像"阿尔法零"可以在几个小时里研究出连最伟大的国际象棋选手都无法预料的策略一样，先进的人工智能也可以用我们无法想象的方式重组其自身内部的方方面面。

然后，我们将回到一切开始的地方，崇拜着看似能控制我们命运的未知力量。就像原始人类向神明祷告祈求雨水一样，我们也会这样做。只不过，我们将献身于人工智能的神，而不是原始的神明。

我们会产生有关算法的迷信：只要穿上这个，算法就能对你有利；如果在某个特定的时间醒来，说特定的话，出现在特定的地方，那么这些机器就能保佑你好运。如果你诚实守信，不伤害他人，能照顾好自己和家人，那么人工智能之神就会保护你。

人工智能将取代旧神明，成为新的神。曾经杀死过神明崇拜的科学如今将创造一个新的神，这实在是非常讽刺。不过，我们的宗教与古代世界的宗教会有所不同——毕竟，我们在心理学方面产生根本性的发展，就是为了定义自己不了解的事物、提升能帮助自己的力量、围绕自己的经验构建价值等级，最后找到希望。

我们的人工智能众神当然会理解这一点。他们要么找到一种方法，来从不断争吵的人类原始心理需求中"升级"我们的大脑，要么就干脆为我们制造人为的冲突。我们将像他们的爱犬一样，坚信自己正在不惜一切代价地争夺和保护领土，但实际上只是在无穷无尽的数码消防栓上撒尿。

这些设想可能会吓到你，可能会让你兴奋。无论你感觉如何，这一切都是不可避免的。力量来自操纵和处理信息的能力，而最终，我们总是崇拜任何比我们力量强大的事物。

因此，请允许我这么说：我首先欢迎人工智能霸主。

我知道，这不是你所希望的，但"希望"正是让你出错的东西。

不要为失去自己的代理权而哀叹。如果你觉得服从于人工智能是件糟糕的事情，那请正视现实吧：你已经这样做了，而且喜欢这样做。

算法已经在掌控我们的大部分生活。你上班的路线是基于算法确定的，你本周与朋友的聊天是基于算法进行的。你给孩子买什么礼物、豪华纸品礼盒中有多少卷卫生纸、在超市注册会员能节省五十美分……所有这些都是算法的结果。

我们需要算法，因为它使我们的生活更轻松。在不久的将来，算法之神也会让我们的生活更轻松。就像对待古代世界的神灵一样，我们将欢欣鼓舞并感谢它。确实，人类已经没有办法想象没有算法的生活，算法使我们的生活更美好、更高效。

看吧，一旦越过了这条线，就没有回头路了。

糟糕的算法

有这样一种描述世界历史的方法。

生命与一般物质之间的区别在于，生命是可以自我复制的物质，它由细胞和 DNA 组成，可以生成越来越多的自身副本。

在数亿年的历史中，一些原始的生命形式为了更好地自我复制而发展出了反馈机制。早期的某个单细胞生物可能进化出了小型的传感器，这样它就能更好地检测环境中的氨基酸，更多地进行自我复制，从而比其他单细胞生物更有优势。但是，也许另一个单细胞生物也开发出了一种小型传感器，干扰了其他同类寻找食物的能力，这也给自己带来了优势。

可以说，生物们从很早很早的时候起就开始了军备竞赛。如果有一个小单细胞生物发展出一种很酷的策略，能让自己获取更多的材料来进行自我复制，那它就可以赢得资源并迅速繁殖。然后，又有一个小单细胞生物进化了，它发展出一种更好的获取食物的策略，于是也开始不断繁殖。这样的情况一再出现，持续了数十亿年。

于是，在进化的推动下，世界上出现了可以伪装肤色的蜥蜴、可以模仿声音的猴子，还有怪异的中年离婚男人——他将所有钱都花在一辆鲜红色的雪佛兰科迈罗汽车上，即使负担不起也无所谓，因为这件物品彰显了他的生存和繁殖能力。

这就是进化的故事——适者生存。

但是，你也可以用另一种方式看待这一切——最佳的信息处理者生存。这么说也许不太吸引人，但实际上可能更准确。

那个原始单细胞生物进化出传感器以更好地检测氨基酸，这就是信息处理能力的进化——它将比其他生物更有能力感知周围环境的变化。由于开发了一种更好的信息处理方式，它赢得了这场进化游戏，并传播了基因。

可以伪装肤色的蜥蜴也是如此，它进化出一种方法来操纵视觉信息，让掠食者忽略自己。猴子学会模仿其他动物的声音也是如此，绝望的中年男人和他的雪佛兰汽车也是如此。

进化会奖励最强大的生物，而强大与否则取决于能不能有效地获取、利用和操纵信息。狮子可以听到一英里外的猎物，秃鹰可以从三千英尺[a]的高度看到一只老鼠，鲸鱼可以在水下与相距一百英里的同伴交流，它们都有杰出的信息处理能力，而接收和处理信息的能力与这些生物的生存和繁殖密切相关。

人类的身体条件非常普通，虚弱、缓慢、脆弱、容易疲倦，但从进化上讲，我们缺乏的大部分身体机能是被主动放弃的，其目的是让大脑可以得到更多的能量。因此，我们是自然界的终极信息处理器，是唯一能够对过去和未来进行概念化的物种。我们可以推断一系列的因果关系，可以抽象地计划和制定战略，可以永久地创造一件东西，可以一劳永逸地解决一个问题。[7]在数百万年的发展过程中，理性大脑在短短的几千年之内就统治了整个星球，并形成了庞大的、错综复杂的网络，用于生产、发明和联系。

这是因为，人类是一种算法。意识本身是一个庞大的由算法和决策树[b]组成的网络，这些算法基于价值、知识和希望。

在最初的几十万年中，这套算法运行良好。当时我们生活在大草原上，正在和野牛搏斗，社交范围是一个小型的游牧民族社

---

a　1 英尺等于 0.3048 米。

b　决策树（Decision Tree）是一种在已知各种情况发生概率的基础上评价项目风险，判断其可行性的决策分析方法。由于这种决策过程画成图形很像一棵树，故称决策树。

群，一生中遇到的人不会超过三十个。

但是，在有数十亿人口的全球经济网络中，当我们的生活充斥着社交网络、侵犯隐私权案件和全息投影的迈克尔·杰克逊演唱会时，这套算法就有点不好使，甚至崩溃了，这让我们陷入了不断升级的循环中。受制于这套算法的性质，我们无法产生永久的满足感，也无法产生最终的和平。

正如你经历过的所有糟糕的恋爱关系，唯一的共同点就是都有你的存在，世界上所有大问题的唯一共同点就是，都有我们人类的参与。气候变暖、物种灭绝……随便你说，在我们出现之前，这些都不是问题。家庭暴力、洗钱、欺诈……这些都是我们自身的问题。

生活是建立在算法之上的，我们人类恰好就是自然界已经产生的最错综复杂的算法，是约十亿年来进化力量的顶点。而现在，我们马上就能制造出领先于我们自己的算法，而且是呈指数级领先。

尽管我们取得了很多成就，但人类的思维仍然存在着难以置信的缺陷。我们需要证明自己的情感需求，这阻碍了处理信息的能力，让这能力由于人的感知偏差而向内弯曲。我们的理性大脑经常被感性大脑中源源不断的欲望劫持，被塞在意识汽车的后备厢中，丧失了行为能力。

我们经常不可避免地需要通过冲突来产生希望，这让道德的指南针摇摆不定。正如心理学家乔纳森·海特所说："道德束缚人，又蒙蔽人。"[8]我们的感性大脑是陈旧、过时的软件，理性大脑虽然很睿智，但又慢又笨拙，发挥不了什么作用。关于这一点，你只要问加里·卡斯帕罗夫就知道了。

我们是一个自我憎恨、自我毁灭的物种，因为我们内心中存在着固有的愧疚感。这不是冠冕堂皇的说辞，而是事实。你是不是一直都感到内在的紧张？那就是让我们走到眼下这一步的原因，就是我们身处此时此地的原因。我们将把进化的警棍交给定义下一个时代的信息处理器：机器。

埃隆·马斯克曾被问到人类迫在眉睫的威胁是什么，他迅速说出了前两点：第一，大规模核战争；第二，气候变化。在说出第三点之前，他沉默了下来，变得闷闷不乐，低下头，沉浸在思绪中。采访者追问道："第三点是什么？"他笑着说道："我只是希望计算机决定善待我们。"

人们非常担心人工智能会消灭人类。有人怀疑这可能会像电影《终结者2》中的灾难一样戏剧化地发生，也有人担心机器会因"事故"而使人类丧命。人类设计人工智能的初衷可能只是提高生产牙签的效率，但人工智能或许会发现使用人体才是最有效率的方法。[9]

一些有领导地位的思想家和科学家因为人工智能的发展速度之快，和人类作为一个物种对其准备的不足而担心不已，比尔·盖茨、斯蒂芬·霍金和埃隆·马斯克只是这群人中的少数几位而已。

但是我认为这种恐惧有点愚蠢。面对比自己聪明许多的东西，你要如何做准备呢？这就像训练一只狗和卡斯帕罗夫下国际象棋一样，不管狗如何思考和准备，都不会有任何作用。

人工智能有潜在的危险吗？当然。但从道德上讲，当我们自己也做得不好时，就不应该批评别人。我们对人与动物、人与环境和人际间的道德准则有所了解吗？几乎什么也不了解。面对道德的考试，人类在历史上一次又一次地挂了科。人工智能很可能将在我们自己从未到达过的高度上理解生与死，创造与毁灭。有人说，人工智能可能会仅仅因为人类的生产力不复从前，或者偶尔做些出格的事情，就消灭我们。但是我认为，这么想的人是将自身心理中阴暗的一面投射到了现在不了解、今后也永远不会理解的事物上。

或者，如果技术发展到某种程度，可以让人工智能任意处理人类的意识，那该怎么办呢？如果人类意识可以被随意复制、扩展或缩小，那该怎么办呢？如果消灭笨拙、效率低下的生理监狱（也就是"身体"）和笨拙、效率低下的心理监狱（也就是"个人身份"）后会带来更道德、更繁荣的结果，那该怎么办呢？如果人工智能觉得人类只是一群流着口水的白痴，应该让我们沉迷于完美的虚拟现实游戏和好吃的垃圾食品中，直到死亡为止，那该怎么办呢？

我们算什么？我们知道什么？我们能对什么有发言权？

1859年达尔文出版了《物种起源》，几十年后，尼采写下了他的著作。当尼采出现在人们眼前时，全世界正因为达尔文的进化论而吃惊不已，并试图弄清它的含意。

当时，全世界都因"人类从猿类进化而来"这个想法而感到恐惧。尼采一如既往地站在了大多数人的对立面，他认为我们当然是从猿类进化而来的，理由是：不然还有什么原因，让我们互相伤害？

尼采没有质疑我们从什么演变而来，他问的是，我们正在向什么方向发展。

尼采说，人是一个过渡，被摇摇晃晃地悬挂在两座塔之间的绳索上，身后是野兽，前方是更伟大的东西。他一生都致力于弄清楚那更伟大的东西可能是什么，然后将我们引向它。

尼采设想的人类超越了宗教的希望，超越了善与恶，超越了相互矛盾的价值观之间琐碎的争吵。正是这些价值观使我们失败，伤害了我们，让我们陷入了自己创造的情感空洞中。让我们沉浸在巨大喜欢中的情绪算法，也正是由内到外地破坏并摧毁了我们的那股力量。

人类创造的科技已经利用了感性大脑的缺陷，已经使我们变得缺乏韧性，更加沉迷于无聊的消遣和娱乐之中。而同时，这些消遣也是有利可图的。虽然技术使地球上的大部分人摆脱了贫穷，但它也产生了一种暴政。那是一种空无一物、毫无意义的暴政，迫使人们无止境地进行毫无必要的选择。

它也为我们准备了极具毁灭性的武器。一个不小心，我们就会毁掉眼前的"智能生活"。

我相信人工智能是尼采所谓的"更伟大的东西"，我们应该让它适应人类有缺陷的心理，而不是被不正当地利用。

我们要创造工具来让人的品性变得更高洁、更成熟，而不是与成长背道而驰。

我们要强调自治、自由、隐私和尊严，不仅在法律中，还要在商业模式和社会生活中。

我们不要仅仅把人看作一种手段，更要看作目的。最重要的是，让这种观念大规模地传播开来。

我们要鼓励反脆弱，鼓励自我施加限制，而不是一味保护每个人的感受。

我们要想办法来帮助理性大脑更好地与感性大脑沟通，让它们合作起来，产生更强大的自我控制。

我知道，你读这本书的目的就是寻找希望，寻找让一切都变好的承诺——做到这个，做到那个，再做到另外一件事，一切就会好起来的。

对不起，我没有你想要的答案，其他人也不会有。因为即使今天的所有问题都奇迹般地得到了解决，我们的思想仍然会感知到明天可能发生的混乱。

所以，与其寻找希望，不如这样做——

不要希望。

也不要失望。

不要觉得自己知道些什么，正是这种盲目的、狂热的、情感上确信不疑的自以为是，才让我们陷入了困境。

不要只是希望一切变好，请记住：干就对了。

要成为更好的人，要更有同情心、更坚韧、更有纪律。

也许有人会说"要更有人性"。不，你要成为一个更好的人，或许有一天，你能够超越人性。

尾声：如果我敢于……

我的朋友们，尽管今天和明天都有许多困难，但在这里，我允许自己敢于许下希望……

我敢于希望一个"后希望时代"的到来。在这个时代，人们永远不会仅仅被视为一种手段，而总是被视为目的。任何意识都不会为了实现更宏大的目标而被牺牲掉。任何身份都不会因恶意、贪婪或疏忽而受到损害。所有人都高度重视理性和行动的能力。这一切不仅会体现在我们的心中，还会体现在我们的社会机构和商业模式中。

我敢于希望，人们不再压抑自己的理性大脑或感性大脑，而是将二者结合，形成情感稳定和心理成熟的关系。人们将意识到，自己的欲望会带来陷阱，舒适会带来诱惑，一时冲动会带来破坏。继而，人们会自觉寻找能让自己成长的不适。

我敢于希望，人们会拒绝伪造的多样化自由，而是追求更深刻、更有意义的承诺。人们会选择自我约束而不是自我放纵。人们会先要求自己变得更好，然后才要求世界给予他们更好的东西。

我敢于希望，感官经济的商业模式会在垃圾场的大火中被焚为灰烬，这样新闻媒体就不会再以产生情感影响为目的来优化内容，它们的动机将直接变成信息的效用。技术将不再想办法利用人们心理的脆弱性，而是采取平衡。信息将重新变得有价值，一切都会重新变得有价值。

我敢于希望，搜索引擎和社交媒体的算法能够针对真实性和社交相关性进行优化，而不是简单地向人们展示他们希望看到的内容。我希望能有独立的第三方算法实时评估标题、网站和新闻报道的真实性，从而使用户能够更快地从垃圾信息中进行筛选，更接近真相。我希望人们能真正尊重经过实验检验的数据，因为在无数种可能性中，证据是我们生命的唯一保护者。

我敢于希望，有一天人工智能可以听到我们所写和所说的一切蠢话，并指出其中的认知偏见。或许就像手机上弹出的一则提示那样，告诉你刚才和叔叔吵架的时候夸大了失业率，今天翻看着社交网络时说了一大堆蠢话。

我敢于希望，有一天能发明出帮助人们实时了解统计数据和概率的工具，让每个人都意识到大多数"危机"在统计学上是微不足道的，甚至仅仅是统计杂音，而真正的危机又发展得太慢，时常无法引起应有的关注。

我敢于希望，如果不能彻底避免即将到来的气候变化和由自动化带来的灾难，那就让危害尽量减轻些，反正人工智能革命将不可避免地导致科技爆炸。

我敢于希望，人工智能赶紧发展出一种新的虚拟现实宗教。这将是一座建立在云端的教堂，人们像体验虚拟现实游戏那样体验它。宗教中会有奉献、礼仪和圣礼，就像有严格遵守的积分、奖赏和升级系统一样。我们都将登录，然后持续在线，因为这是我们可以影响人工智能诸神的唯一渠道。因为，这是唯一可以消除我们对意义和希望的无限渴望的源泉。

　　当然，人们会反抗新的人工智能之神。但这将是有意为之的，因为人类总是需要不同的声音，这是我们证明自身重要性的唯一途径。异教徒和异端组织会出现在这个虚拟环境中，我们将花费大部分时间与各种派系进行斗争。我们将寻求方式，以破坏彼此的道德立场，并削弱彼此的成就，而在这个过程中，我们始终意识不到一切都是刻意创造出来的。人工智能认识到人类的生产力只能通过冲突来产生，它将在安全的虚拟领域中产生一系列无休止的人为危机，从而培养生产力和创造力，并将其用于我们永远不会知道或了解的更伟大的目的。人类的希望将像资源一样被收获，成为永无止境的创造力的储存库。

　　我们将在人工智能的数字化祭坛上敬拜。我们将遵循它随心所欲创造出的规则，玩它发明的游戏。这不是被迫的，游戏设计得如此出色，我们想要玩。

　　我们需要知道生活的意义，而技术的惊人进步使人们越来越难以发现意义。终极的创新将是，有一天我们可以在不产生争吵或冲突的情况下制造特别的意义，在不需要死亡的情况下找到重要性。

然后，也许有一天，我们将与机器本身集成在一起。我们的个人意识将被包含在内。我们的希望将会消失。我们将在云端见面并融合。我们的数字化灵魂将在数据风暴中旋转。各种零碎的功能将和谐地融合在一起，形成某种伟大的看不见的统一。

　　我们将发展成为一个伟大的不可知的实体。我们将超越自己满载价值观的思想。我们将超越手段和目的而生活，因为我们将永远既是手段也是目的，两者成为一体。我们将跨过进化的桥梁，迈向"更伟大的事物"，并且不再是人类。

　　也许那时，我们不仅会意识到，而且最终会接受令人不适的真相：我们想象着自己的重要性，发明了自己的目的，但从过去到现在，仍然什么都不是。

　　一直以来，我们什么都不是。

　　或许只有到那时，希望与破坏的永恒循环才能到达终点。

　　或者……

致谢

这是一本名副其实的希望之书。我曾因自己过分狂妄的希望而受害，一切似乎都被搞砸并无可挽回。后来我开始写作。通常是深夜，当我睡眼惺忪地望着屏幕上的一堆文字时，事情似乎逐渐好了起来。现在，我为这本书感到无比自豪。

如果不是得到了很多人的帮助和支持，我将无法熬过这个难关。我的编辑卢克·登普西（Luky Dempsey）和我一样在六个月里（也许更久）承受了巨大的压力，连伤停补时都坚持下来了。老兄，谢谢你。莫里·格里克（Mollie Glick）是我的经纪人，但她更像一位仙女——我一觉醒来，令人赞叹的好事就不知道从哪里冒出来了，真是不可思议。还有我的网络宣传团队，菲利普·肯珀（Philip Kemper）和德鲁·伯妮（Drew Birnie），我为我们三个人在网络宣传方面取得的成就而自豪，并且迫不及待地想看你们在未来的这些年里还能做出什么样的成绩。

还有许多天涯海角的朋友在关键时刻帮了大忙。尼尔·艾亚（Nir Eyal），他在许多个纽约寒冷的早晨让我起床写作，没有他的话，我很容易就赖在床上不起来了。泰勒·皮尔森（Taylor Pearson）、詹姆斯·克莱尔（James Clear）和瑞恩·霍兰德（Ryan Holiday），他们在我失控时不厌其烦地听我发牢骚和漫无边际地瞎扯，并耐心地提供建议。彼得·沙拉德（Peter Shallard）、乔恩·克罗普（Jon Krop）和乔迪·埃滕伯格（Jodi Ettenberg），他们放下了手头的所有事情，阅读我那些残破的章节并发来反馈意见。迈克尔·科维尔（Michael Covell），他是个超级棒的好兄弟。还有 WS，如果说我的整个写作过程是一场混乱，那他就是这场混乱的起因和终结者，他甚至都没有做任何事，就成为我意想不到的灵感来源。"诀窍是你要许下你做不到的承诺，然后你就能做到了。"

我必须要向"绅士们的文学大冒险俱乐部"（The Gentleman's Literary Safari）的纽约分会致以谢意，不然我会很失落的。我怎么会知道，去年夏天在我家厨房里创办的书呆子读书俱乐部会为我带来每个月最精彩的时光？本书的大部分内容源于与你们之间漫长的哲学探讨。谢谢，伙计们。请记住，存在永远是存在的存在。

最后，致意我的妻子费尔南达·纽特（Fernanda Neute）。我可以在整页纸上写满对她的赞美和她对我的意义，其中每一条都是真实的。不过，我还是如她所愿地省下墨水和纸张吧，就在这里简短地表达一下：感谢你的奉献，感谢你的自我节制，那都是珍贵的礼物，如果我有朝一日可以达到无欲无求的境界，那是因为我已经和你在一起了。

绝不掉书袋的注释

第一章 怎样度过"糟糕"的人生 ——————————————

1. A. J. Zautra, *Emotions, Stress, and Health* (New York: Oxford University Press, 2003), pp. 15–22.

2. 这本书中的"希望"一词跟学术界通常所指的意思不同。大多数学者使用"希望"这个词来描述一种乐观的感觉：对取得积极成果的期望或信念。这个定义是有局限性的。乐观可以带来希望，但它与希望不是一回事。我不期望会有更好的事情发生，但我仍然可以拥有希望，这种希望仍然可以使我的生活具有意义和目的感。

　　我所指的"希望"，是获得某些被认为有价值的东西的动力，在学术文献中有时被称为"目的"。为了讨论希望，我将继续研究动机和价值理论，并在很多情况下尝试将它们融合在一起。

3. M. W. Gallagher and S. J. Lopez, "Positive Expectancies and Mental Health: Identifying the Unique Contributions of Hope and Optimism," *Journal of Positive Psychology* 4, no. 6 (2009): 548–556.

4. Ernest Becker, *The Denial of Death* (New York: Free Press, 1973).

5. Mark Manson, "7 Strange Questions That Help You Find Your Life Purpose,"MarkManson.net, September 18, 2014, https://markmanson.net/life-purpose.

6. 对超过 132 个国家进行的研究表明，一个国家变得越富裕，其国民就越难以找到意义和目的。参见：Shigehiro Oishi and Ed Diener, "Residents of Poor Nations Have a Greater Sense of Meaning in Life than Residents of Wealthy Nations," *Psychological Science* 25, no. 2 (2014): 422–430。

7.　悲观主义在富裕的国家中很普遍。英国著名舆论调查公司 YouGov 曾在 2015 年对 17 个国家和地区的人们进行了调研，问被调研者认为世界是在变得更好、变得更糟还是保持不变。在富有的国家中，只有不到 10% 的人认为世界正在变得更好。在美国只有 6% 的人认为一切正在变好，在澳大利亚和法国，这一数字仅为 3%。参见：Max Roser, "Good News: The World Is Getting Better. Bad News: You Were Wrong About How Things Have Changed," August 15, 2018, World Economic Forum, https://www.weforum.org/agenda/2018/08/good-news-the-world-is-getting-better-bad-news-you-were-wrong-about-how-things-have-changed。

8.　Steven Pinker, *Enlightenment Now: The Case for Reason, Science, Humanism, and Progress* (New York: Viking, 2018).Hans Rosling, *Factfulness: Ten Reasons We're Wrong About the World—And Why Things Are Better Than You Think* (New York: Flatiron Books, 2018).

9.　Max Roser and Esteban Ortiz-Ospina, "Global Rise of Education," published online at OurWorldInData.org, 2018, https://ourworldindata.org/global-rise-of-education.

10.　Steven Pinker, *The Better Angels of Our Nature: Why Violence Has Declined* (New York: Penguin Books, 2012).

11.　Pinker, *Enlightenment Now*, pp. 214–232.

12.　Ibid., pp. 199–213.

13.　"Internet Users in the World by Regions, June 30, 2018," pie chart, InternetWorldStats.com, https://www.internetworldstats.com/stats.htm.

14.　Diana Beltekian and Esteban Ortiz-Ospina, "Extreme Poverty Is Falling: How Is Poverty Changing for Higher Poverty Lines?" March 5, 2018, OurWorldInData.org, https://ourworldindata.org/poverty-at-higher-poverty-lines.

15.　Pinker, *The Better Angels of Our Nature,* pp. 249–267.

16.　Pinker, *Enlightenment Now,* pp. 53–61.

17.　Ibid., pp. 79–96.

18.　疫苗可能是过去一百年间最大的科学进步。有研究发现，世界卫生组织在 20 世纪 80 年代开展的全球疫苗接种运动可能在全球范围内预防了超过 2000 万例危险疾病，节省了 1.53 万亿美元的医疗费用。目前世界上已经被完全根除的疾病，就是因为疫苗的普及而被战胜的。所以，抗疫苗运动是完全错误的。参见：Walter A. Orenstein and Rafi Ahmed, "Simply Put: Vaccinations Save Lives," *PNAS* 114, no. 16 (2017): 4031–4033。

19.　G. L. Klerman and M. M. Weissman, "Increasing Rates of Depression," *Journal of the American Medical Association* 261 (1989): 2229–35. J. M. Twenge, "Time Period and Birth Cohort Differences in Depressive Symptoms in the U.S., 1982–2013," *Social Indicators Research* 121 (2015): 437–454.

20.　Myrna M. Weissman, PhD, Priya Wickramaratne, PhD, Steven Greenwald, MA, et al., "The Changing Rates of Major Depression," *JAMA Psychiatry* 268, 21(1992): 3098–3105.

21.　C. M. Herbst, "'Paradoxical'Decline? Another Look at the Relative Reduction in Female Happiness," *Journal of Economic Psychology* 32 (2011): 773–788.

22.　S. Cohen and D. Janicki-Deverts, "Who's Stressed? Distributions of Psychological Stress in the United States in Probability Samples from 1983, 2006, and 2009," *Journal of Applied Social Psychology* 42 (2012): 1320–1334.

23.　Andrew Sullivan, "The Poison We Pick," *New York Magazine,* February 2018, http://nymag.com/intelligencer/2018/02/americas-opioid-epidemic.html.

24.　"New Cigna Study Reveals Loneliness at Epidemic Levels in America," Cigna's Loneliness Index, May 1, 2018, https://www.multivu.com/players/English/8294451-cigna-us-loneliness-survey/.

25.　爱德曼信任指数发现，大多数发达国家的社会信任度持续下降。请参阅："The 2018 World Trust Barometer: World Report," https://www.edelman.com/sites/g/files/aatuss191/files/2018-10/2018_Edelman_Trust_Barometer_Global_Report_FEB.pdf。

26.　Miller McPherson, Lynn Smith-Lovin, and Matthew E. Brashears, "Social Isolation in America: Changes in Core Discussion Networks over Two Decades," *American Sociological Review* 71, no. 3 (2006): 353–375.

27.　平均而言，富裕国家的自杀率高于贫穷国家，数据可从世界卫生组织的《国家自杀率数据》中找到：http://apps.who.int/gho/data/node.main.MHSUICIDEASDR?lang=en。在较富裕的社区中，自杀也更为普遍，参见：Josh Sanburn, "Why Suicides Are More Common in Richer Neighborhoods," *Time,* November 8, 2012, http://business.time.com/2012/11/08/why-suicides-are-more-common-in-richer-neighborhoods/。

28.　在本书中，我融合了关于动机、价值和意义的理论，结合了几种不同的学术模型，对"希望"做出了定义。
　　　首先是自我决定理论。该理论指出，我们需要三样东西才能使生活充满动力和满足感：自主权、能力、关联性。我将自主权和能力合并为"控制感"，将关联性重命名为"社群"，并在第二、四两章中分别论述。但自我决定理论中缺

211

少一部分内容，或者说表达得比较隐晦，那就是世界上存在着一些能激励人的、有价值的、值得追求的东西，这就是希望的第三部分——"价值观"。

于是我借鉴了心理学家罗伊·鲍米斯特的"有意义"模型。在该模型中，我们需要四样东西来让生活有意义：目标、价值、效能和自我价值。我把效能归入"控制感"，把另外三者归入"价值观"的概念之下——认为某些东西是有价值的，能使一个人对自己感觉良好。我在第三章中详细剖析对价值观的理解。

要了解有关自我决定理论的更多信息，请参见：R. M. Ryan and E. L. Deci, "Self-Determination Theory and the Facilitation of Intrinsic Motivation, Social Development, and Well-being," *American Psychologist* 55 (2000): 68–78。

关于"有意义"模型，请参见：Roy Baumeister, *Meanings of Life* (New York: Guilford Press, 1991), pp. 29–56。

第二章　谁能做到完美自控

1.　艾略特是著名神经科学家安东尼奥·达马西奥给这位病人起的化名，该案例改编自：Antonio Damasio, *Descartes' Error: Emotion, Reason, and the Human Brain* (New York: Penguin Books, 2005), pp. 34–51。

2.　此处的情节和后文中艾略特家庭生活里的许多故事（世界幼儿棒球赛、家庭问答节目等）都是虚构的，只是为了说明中心思想。它们并不是来自达马西奥的记录，很可能没有发生过。

3.　达马西奥使用的是"自由意志"一词，而我使用的是"自我控制"。可以在自我决定理论中将两者都视为自主权的必要条件。参见：Damasio, *Descartes' Error*, chap. 1, note 32。

4.　在 1977 年诺曼·李尔的电视节目《今晚费恩伍德》中，汤姆·威茨小声说出了这句话，但他自己也承认，这不是他原创的。

5.　Gretchen Diefenbach, Donald Diefenbach, Alan Baumeister, and Mark West, "Portrayal of Lobotomy in the Popular Press: 1935–1960," *Journal of the History of the Neurosciences* 8, no. 1 (1999): 60–69。

6.　在 20 世纪 70 年代，音乐记者中流传着一个奇怪的阴谋论：汤姆·威茨是在假装酗酒。诚然，威茨确有可能为了舞台表演效果而夸大自己"流浪诗人"的人格，但多年来他一直公开承认自己的酗酒问题。比如在 2006 年接受《卫报》采访时，他说："我有一个问题——酒精问题，很多人认为这会造成职业灾难，但我的妻子救了我一命。"参见：Sean O'Hagan, "Off Beat," *Guardian*, October 28, 2006, https://www.theguardian.com/music/2006/oct/29/popandrocki。

7.　Xenophon, *Memorabilia*, trans. Amy L. Bonnette (Ithaca, NY: Cornell University

Press, 2014), book 3, chap. 9, p. 5.

8.　René Descartes, *The Philosophical Works of Descartes*, trans. Elizabeth S. Haldane and G. R. T. Ross (1637; repr. New York: Cambridge University Press (1970), 1:101.

9.　康德认为理性是道德的根源，而激情或多或少是无关紧要的。对康德来说，只要你做对了，那就没关系。我们将在第六章详细论述康德的思想。参见：Immanuel Kant, *Groundwork to the Metaphysics of Morals,* trans. James W. Ellington (1785; repr. Indianapolis, IN: Hackett Publishing Company, Inc., 1993)。

10.　Sigmund Freud, *Civilization and Its Discontents,* trans. James Strachey (1930; repr. New York: W. W. Norton and Company, 2010).

11.　一直以来，都有思想家将人类的思想分解为两或三个部分，我的理论只是对这些早期思想家的概念的总结。柏拉图说灵魂有三个部分：理性（理性大脑），欲望和血气（感性大脑）。弗洛伊德说，所有的经历要么是自我（理性大脑），要么是本我（感性大脑）。

12.　"意志力就像肌肉一样运作"这个理论也被称为"自我损耗"，是目前学术界讨论的热门话题。

13.　Damasio, *Descartes' Error*, pp. 128–130.

14.　Kahneman, *Thinking: Fast and Slow*, p. 31.

15.　Jonathan Haidt, *The Happiness Hypothesis: Finding Modern Truth in Ancient Wisdom* (New York: Penguin Books, 2006), pp. 2–5.

16.　"小丑车"的比喻很好地解释了自私自恋者之间形成有害关系的原因。任何心理健康的人，只要他的头脑不是一辆小丑车，都能听到一千米外某辆小丑车上的音乐，并尽可能避免与之接触。但如果这个人自己的头脑就是一辆小丑车，那么车上播放的音乐就会吵得他无法听到其他小丑车的声音。所以对他而言，其他小丑车看起来、听起来很正常，他会与他们互动，会认为所有健康的车辆都无聊无趣。于是，他就在结束一段有毒关系之后进入了另外一段有毒关系。

17.　一些学者认为，柏拉图写《理想国》是对在雅典爆发的政治动荡和暴力的回应。参见：*The Republic of Plato*, trans. Allan Bloom (New York: Basic Books, 1968), p. xi。

18.　基督教从柏拉图那里借来了很多道德哲学，并且保存了他的作品。早期的基督徒坚持柏拉图和亚里士多德的思想，因为他们相信灵魂与身体分离。存在着独立灵魂的想法激发了基督徒对来世的信仰，也是经典假设的依据之一。参见：

Stephen Greenblatt, *The Swerve: How the World Became Modern* (New York: W. W. Norton and Company, 2012)。

19.　Pinker, *The Better Angels of Our Nature,* pp. 4–18.

20.　Ibid., pp. 482–488.

21.　作家肯·威尔伯认为，这种人是误将沉迷于自己的情感当作更高层次的精神觉醒，他称其为"前／超谬论"，并指出，情感是前理性的（在智力发展之前），精神觉醒是后理性的，因为二者都是非理性的，所以人们经常将它们搞混。参见：Ken Wilber, *Eye to Eye: The Quest for a New Paradigm* (Boston, MA: Shambhala, Inc., 1983), pp. 180–221。

22.　A. Aldao, S. Nolen-Hoeksema, and S. Schweizer, S., "Emotion-Regulation Strategies Across Psychopathology: A Meta-analytic Review," *Clinical Psychology Review* 30 (2010): 217–237.

23.　Olga M. Slavin-Spenny, Jay L. Cohen, Lindsay M. Oberleitner, and Mark A. Lumley, "The Effects of Different Methods of Emotional Disclosure: Differentiating Post-traumatic Growth from Stress Symptoms," *Journal of Clinical Psychology* 67, no. 10 (2011): 993–1007.

24.　这种方式由心理学家戴维·普雷马克提出，被称为普雷马克原理。参见：Jon E. Roeckelein, *Dictionary of Theories, Laws, and Concepts in Psychology* (Westport, CT: Greenwood Press, 1998), p. 384。

25.　有关"行为改变需要从小做起"这一观点，请参阅我的上一本书：*The Subtle Art of Not Giving a F*ck: A Counterintuitive Approach to Living a Good Life* (New York: HarperOne, 2016), pp. 158–163。

26.　加设"护栏"的方法之一是制订实施意图，即确定要做到某件事就必须采取什么行动，这样的思考方法会无意识地引导你的行为习惯。参见：P. M. Gollwitzer and V. Brandstaetter, "Implementation Intentions and Effective Goal Pursuit," *Journal of Personality and Social Psychology* 73 (1997): 186–199。

27.　Damasio, *Descartes' Error,* pp. 173–200.

28.　在哲学上，这被称为"休谟的断头台"：你不能从"是"中得出"应该"，不能从事实中得出价值，不能从理性大脑的知识中得出感性大脑的知识。"休谟的断头台"已经让哲学家和科学家们讨论了数百年。

1.　　请把本章中关于牛顿的传记部分当作历史小说来读吧。

2.　　青少年时的牛顿确实在日记里写了这些内容，参见：James Gleick, *Isaac Newton* (New York: Vintage Books, 2003), p. 13。

3.　　Nina Mazar and Dan Ariely, "Dishonesty in Everyday Life and Its Policy Implications," *Journal of Public Policy and Marketing* 25, no. 1 (Spring 2006): 117–126.

4.　　Nina Mazar, On Amir, and Dan Ariely, "The Dishonesty of Honest People: A Theory of Self-Concept Maintenance," *Journal of Marketing Research* 45, no. 6 (December 2008): 633–644.

5.　　Michael Tomasello, *A Natural History of Human Morality* (Cambridge, MA: Harvard University Press, 2016), pp. 78–81.

6.　　Damasio, *Descartes' Error*, pp. 172–189.

7.　　这就是为什么被动攻击不利于人际关系：它没有明确指出道德鸿沟在哪里，而是打开了另一条鸿沟。可以说，人际冲突的根源就在于对道德鸿沟的不同理解。你觉得我是个混蛋，可我觉得自己好极了，于是我们就有了冲突。除非我们公开声明各自的价值观和内心的想法，否则将永远无法理顺人际关系。

8.　　要让做好一件事带来的简单乐趣，而不是来自外部的奖励，成为激发你继续做这件事的动机，这是"内在动机"的一个典型例子。参见：Edward L. Deci and Richard M. Ryan, *Intrinsic Motivation and Self-Determination in Human Behavior* (New York: Plenum Press, 1985), pp. 5–9。

9.　　Tomasello, *A Natural History of Human Morality,* pp. 13–14.

10.　　Robert Axelrod, *The Evolution of Cooperation* (New York: Basic Books, 1984), pp. 27–54.

11.　　David Hume, *An Enquiry Concerning Human Understanding,* ed. Eric Steinberg (1748; repr. Indianapolis, IN: Hackett Classics, 2nd ed., 1993).

12.　　Manson, *The Subtle Art of Not Giving a F*ck,* pp. 81–89.

13.　　Martin E. P. Seligman, *Helplessness: On Depression, Development, and Death* (New York: Times Books, 1975).

14. 自恋的人甚至会以自己的优越性来使痛苦合理化。比如有人会说"他们恨我是因为嫉妒我""他们攻击我是因为害怕我"或者"他们只是不想承认我更强"。自恋者的感性大脑能轻巧地颠倒价值观：因此他们的情绪会从"感觉自己什么都配不上"转换到"自己配得上一切东西"。

15. 自我价值是一种幻觉，因为所有价值都是虚幻的、基于信仰的（本书第四章对此进行了讨论），也因为自我本身就是一种幻觉。参见：Sam Harris, *Waking Up: A Guide to Spirituality Without Religion* (New York: Simon and Schuster, 2014), pp. 81–116。

16. 作家大卫·福斯特·华莱士在著名演讲《这就是水》中谈到了"意识的默认设置"。参见：David F. Wallace, *This is Water: Some Thoughts, Delivered on a Significant Occasion, About Living a Compassionate Life* (New York: Little, Brown and Company, 2009), pp. 44–45。

17. 这就是由心理学家大卫·邓宁和贾斯廷·克鲁格提出的邓宁—克鲁格效应，参见：Justin Kruger and David Dunning, "Unskilled and Unaware of It: How Difficulties in Recognizing One's Own Incompetence Lead to Inflated Self-Assessments," *Journal of Personality and Social Psychology* 77, no. 6 (1999): 1121–1134。

18. Max H. Bazerman and Ann E. Tenbrunsel, *Blind Spots: Why We Fail to Do What's Right and What to Do About It* (Princeton, NJ: Princeton University Press, 2011).

19. 这就是所谓的错误共识效应，参见：Thomas Gilovich, "Differential Construal and the False Consensus Effect," *Journal of Personality and Social Psychology* 59, no. 4 (1990): 623–634。

20. 这被称为演员观察者偏见，参见：Edward Jones and Richard Nisbett, *The Actor and the Observer: Divergent Perceptions of the Causes of Behavior* (New York: General Learning Press, 1971)。

21. 通常来说，一个人经历的痛苦越多，道德鸿沟就越宽，他对待自己和他人时的非人性化程度就越高，也就越趋向于认同造成自己或者他人痛苦的事物的合理性。

22. 2016 年的一项研究发现，故事共有六种类型：上升（从穷困到富裕）、下跌（从富裕到穷困）、先上升后下跌（如古希腊神话中的伊卡洛斯）、先下跌后上升（如掉进洞穴但最后逃脱的旅行者）、先上升接着下跌然后再上升（如童话里的灰姑娘）、先下跌接着上升然后再下跌（如古希腊的著名悲剧人物俄狄浦斯）。本质上，这些故事类型都是好事或者坏事的排列组合。参见：Adrienne LaFrance, "The Six Main Arcs in Storytelling, as Identified by an A.I.," *The Atlantic*, July 12, 2016, https://www.theatlantic.com/technology/archive/2016/07/the-six-main-arcs-in-

storytelling-identified-by-a-computer/490733/。

23.　Division of Violence Prevention, "The Adverse Childhood Experiences (ACE) Study," National Center for Injury Prevention and Control, Centers for Disease Control and Prevention, Atlanta, GA, May 2014, https://www.cdc.gov/violenceprevention/acestudy/index.html.

24.　这就是被弗洛伊德错误地界定为"压抑"的东西。弗洛伊德认为，我们一生都在压抑童年的痛苦记忆，而如果将这些记忆带回到意识中，我们就能解放内心深处的负面情绪。事实上，记住过去的创伤并没有太多好处，当下大多数心理疗法的重点不是治疗过去，而是学习如何处理未来的情绪。

25.　人的核心价值观经常被与性格混淆。性格基本上是不可改变的，根据"大五人格理论"的模型，人的性格包含五个基本特征：开放性、责任心、外倾性、宜人性、神经质性。核心价值观是在人生早期做出的判断，有时是基于个性的，很难改变。例如，我可能对新的体验持高度开放的态度，这让我从小就保持好奇心，喜欢探索，这种早期的价值观将在我以后的人生经历中发挥作用，并创造与之相关的新价值观。有关"大五人格理论"模型的信息参见：Thomas A. Widiger, ed., *The Oxford Handbook of the Five Factor Model* (New York: Oxford University Press, 2017)。

26.　William Swann, Peter Rentfrow, and Jennifer Sellers, "Self-verification: The Search for Coherence," *Handbook of Self and Identity* (New York: Guilford Press, 2003), pp. 367–383.

27.　Mark Manson, "The Staggering Bullshit of 'The Secret,'" MarkManson.net, February 26, 2015, https://markmanson.net/the-secret.

28.　只有依靠前额叶皮层（理性大脑的神经学名称），人们才能记住过去的经历并预测未来。参见：Y. Yang and A. Raine, "Prefrontal Structural and Functional Brain Imaging Findings in Antisocial, Violent, and Psychopathic Individuals: A Meta-analysis," *Psychiatry Research* 174, no. 2 (November 2009): 81–88。

29.　Jocko Willink, *Discipline Equals Freedom: Field Manual* (New York: St. Martin's Press, 2017), pp. 4–6.

30.　Martin Lea and Steve Duck, "A Model for the Role of Similarity of Values in Friendship Development," *British Journal of Social Psychology* 21, no. 4 (November 1982): 301–310.

31.　这个比喻的意思是，我们对某事物的评价越高，就越不愿意质疑或改变它的价值，所以当这件事物的价值背叛了我们时，产生的痛苦就越深刻。

32. 弗洛伊德称此为"对小区别的自恋",并指出,通常是一群有共同点的人最讨厌彼此。参见:Sigmund Freud, *Civilization and Its Discontents*, trans. David McLintock (1941; repr. New York: Penguin Books, 2002), pp. 50–51。

33. Tomasello, *A Natural History of Human Morality*, pp. 85–93.

第四章 梦想成真速成班

1. Gustave Le Bon, *The Crowd: A Study of the Popular Mind* (1896; repr. New York: Dover Publications, 2002), p. 14.

2. 乔纳森·海特将此现象称为蜂巢假设。参见:Jonathan Haidt, *The Righteous Mind: Why Good People Are Divided by Politics and Religion* (New York: Vintage Books, 2012), pp. 261–270。

3. Le Bon, *The Crowd,* pp. 24–29.

4. S. B. Johnson, R. W. Blum, and J. N. Giedd, "Adolescent Maturity and the Brain: The Promise and Pitfalls of Neuroscience Research in Adolescent Health Policy," *Journal of Adolescent Health: Official Publication of the Society for Adolescent Medicine* 45, no. 3 (2009): 216–221。

5. S. Choudhury, S. J. Blakemore, and T. Charman, "Social Cognitive Development During Adolescence," *Social Cognitive and Affective Neuroscience* 1, no. 3 (2006): 165–174.

6. 对青少年和年轻人来说,确定身份是最重要的,参见:Erik H. Erikson, *Childhood and Society* (New York: W. W. Norton and Company, 1963), pp. 261–265。

7. Eric Hoffer, *The True Believer: Thoughts on the Nature of Mass Movements* (New York: Harper Perennial, 1951), pp. 3–11.

8. 我的这一想法来自哲学家卡尔·波普尔关于可证伪性的观点。波普尔在大卫·休谟的基础上提出:无论一件事在过去发生过多少次,从逻辑上说,永远都无法证明它会在未来再次发生。即使太阳已经东升西落了数千年,没有人看到过相反的情景,也不意味着明天太阳一定会从东方升起,只能说太阳从东方升起的可能性是压倒性的。波普尔认为,我们所能知道的唯一经验性真理是通过证伪而不是实验获得的,没有任何东西可以被证明,只能被证伪。因此,人总要依赖某种程度的信念,即使是面对太阳东升西落这样平凡、明显几乎可以肯定会发生的事情。波普尔的思想之所以重要,是因为它从逻辑上证明即使科学事实也需要一点信念。你可以进行一百万次实验，每次都得到相同的结果，但这并不能证明它会第一百万零一次发生。在某些时候，一旦某件事持续发生了足够多次，统计结果已经非常明显，我们就必须相信，否则就会陷入疯狂。有关波普尔的观点，请参见：Karl Popper, *The Logic of Scientific Discovery* (1959; repr. New York: Routledge Classics, 1992)。

　　我认为，引起妄想、幻觉等症状的精神疾病从根本上讲可能是信念的机能障碍。我们大多数人都理所当然地认为太阳将在东方升起，物体落地时的重力加速度是恒定的，但是难以建立和保持信念的大脑可能会一直被这些可能性折磨，并因此发疯。

9.　　休谟写道："所有知识都退化为概率。概率变得更大还是更小，则取决于我们真实的经验，对于欺骗性的理解，以及问题是简单还是复杂。"

10.　　要进一步讨论金钱之类浅薄的最高价值如何影响你的生活，参见：M. Manson, "How We Judge Others Is How We Judge Ourselves," MarkManson.net, January 9, 2014, https://markmanson.net /how-we-judge-others。

11.　　与金钱一样，"自我"也是基于信仰的抽象精神建构。没有证据表明你对于"你"的体验确实存在，它仅仅是意识体验的纽带，是感官与情感的相互联系。参见：Derek Parfit, *Reasons and Persons* (Cambridge, UK: Cambridge University Press, 1984), pp 199–280。

12.　　有很多词可以用来描述对他人的不健康依恋，但是我用了"关系成瘾"一词。这个词来自一个戒酒协会，酒鬼们注意到，就像他们自己沉迷于酒精一样，朋友和家人似乎也沉迷于支持和照顾酒精成瘾的他们。酗酒者依靠酒精来使自己感觉良好，而这些朋友和家人则利用酗酒者的上瘾来使自己感觉良好。此后，"关系成瘾"这个词被广泛使用，任何沉迷于支持另一个人或从支持他人中得到自我认可的行为都可以被描述为"关系成瘾"。这是一种奇怪的敬拜形式，你将另一个人放在王座上，让他成为思想和感情的基础，成为你自尊的根基。换句话说，你让别人成为世界的中心，成为你的上帝。但这会导致极具破坏性的结果。参见：Melody Beattie, *Codependent No More: How to Stop Controlling Others and Care for Yourself* (Center City, MN: Hazelden Publishing, 1986) 和 Timmen L. Cermak MD, *Diagnosing and Treating Co-Dependence: A Guide for Professionals Who Work with Chemical Dependents, Their Spouses, and Children* (Center City, MN: Hazelden Publishing, 1998)。

13.　　请参阅第二章注释 28 中有关"休谟的断头台"的讨论。

14.　　你可以说，钱是为了计算和追踪人与人之间的道德鸿沟而被发明的。人们发明了债务的概念来填平彼此之间的道德鸿沟（我帮了你这个忙，所以现在你欠我一些回报），并发明了钱来跟踪和管理整个社会的债务。这就是所谓的货币信用理论，最早是由阿尔弗雷德·米切尔·英内斯于 1913 年在一篇名为《什么是货币？》的期刊文章中提出的。参见：David Graeber, *Debt: The First 5,000 Years,*

Updated and Expanded Edition (2011; repr. Brooklyn, NY: Melville House Publishing, 2014), pp. 46–52. 有关债务在人类社会中的重要性，请参见：Margaret Atwood, *Payback: Debt and the Shadow Side of Wealth* (Berkeley, CA: House of Anansi Press, 2007)。

15.   值得注意的是，社会科学领域正在发生可复制性的危机，心理学、经济学甚至医学上的许多主要发现都无法持续地被复制。因此，即使我们能够轻松衡量人的复杂性，仍然很难找到一致的、经验性的证据，证明一个变量造成的影响比另一个变量要大得多。参见：Ed Yong, "Psychology's Replication Crisis Is Running Out of Excuses," *The Atlantic,* Nov. 19, 2018, https://www.theatlantic.com/science/archive/2018/11/psychologys-replication-crisis-real/576223/。

16.   我一直都对运动员从英雄变成贱民，再变回英雄的过程感到着迷。泰格·伍兹、科比·布莱恩特、迈克尔·乔丹和安德烈·阿加西在人们心目中都是半神，但一旦发生某件不合时宜的事情，他们就会变成贱民。这与我在第二章中所说的有关人的优越性或者劣等性如何被反转有关。道德鸿沟的大小保持不变，对于像科比·布莱恩特这样的人，无论他是英雄还是反派，我们对他的情感反应强度都保持不变，这种强度是由道德鸿沟的大小决定的。

17.   我最赞同的对"精神体验"的定义是：一种超自我体验，即你对身份或自我的感觉超越了你的身体和意识，并扩展到所有感知中去。超自我的体验可以通过多种方式实现，在一些高涨的状态下，你可以融入他人，感觉好像你们是同一个人，从而暂时达到跨越自我的状态。所以，精神经历通常被视为"爱"，它既是对自我身份的屈服，又是对某个更大实体的无条件接受。有关基于荣格心理学做出的类似分析，参见：Ken Wilber, *No Boundary: Eastern and Western Approaches to Personal Growth* (1979; repr. Boston, MA: Shambhala, 2001)。

18.   René Girard, *Things Hidden Since the Foundation of the World,* trans. Stephen Bann and Michael Metteer (repr. 1978; Stanford, CA: Stanford University Press, 1987), pp. 23–30.

19.   我说得有点戏剧性，但是几乎每个已知的主要古代和史前文明都曾发生过以活人祭祀的事情。参见：Nigel Davies, *Human Sacrifice in History and Today* (New York: Hippocrene Books, 1988)。

20.   Freud, *Civilization and Its Discontents*, pp. 14–15.

21.   Ibid., p. 18.

22.   Manson, *The Subtle Art of Not Giving a F*ck,* pp. 23–29.

23.   E. O. Wilson, *On Human Nature* (1978; repr. Cambridge, MA: Harvard University Press, 2004), pp. 169–192.

24. 当一个人面对令他情绪激动的问题（即触及最高价值的问题）时，理性会面临崩溃。参见：Vladimíra Čavojová, Jakub Šrol, and Magdalena Adamus, "My Point Is Valid; Yours Is Not: My-Side Bias in Reasoning About Abortion," *Journal of Cognitive Psychology* 30, no. 7 (2018): 656–669。

25. 研究表明，知识渊博且受过良好教育的人，其观点更加两极化。参见：T. Palfrey and K. Poole, "The Relationship Between Information, Ideology, and Voting Behavior," *American Journal of Political Science* 31, no. 3 (1987): 511–530。

26. 参见：F. T. Cloak Jr., "Is a Cultural Ethology Possible?" *Human Ecology* 3, no. 3 (1975): 161–182。或：Aaron Lynch, *Thought Contagion: How Beliefs Spread Through Society* (New York: Basic Books, 1996), pp. 97–134。

第五章　去他的希望

1. 尼采于 1882 年在他的《快乐的科学》一书中首次宣布了上帝已死，但这句话因《查拉图斯特拉如是说》一书而著名。该书于 1883 年至 1885 年分四部分发行，第三部分之后，所有出版商都拒绝合作，因此尼采不得不凑钱自己出版第四部分。这本书的销量少于四十本。参见：Sue Prideaux, *I Am Dynamite!: A Life of Nietzsche* (New York: Tim Dugan Books, 2018), pp. 256–260。

2. 本章中尼采的话语都是从他的著作中提炼而来。这句话出自尼采的著作《善恶的彼岸》。

3. 本章中的尼采与梅塔的故事是从他与几位女性（除梅塔外，还有海伦·齐默恩、瑞莎·冯·施恩霍大）共度夏大（1886 年—1887 年）的经历改编而来，参见：Julian Young, *Friedrich Nietzsche: A Philosophical Biography* (Cambridge, UK: Cambridge University Press, 2010), pp. 388–400。

4. 出自尼采的著作《瞧，这个人》。

5. Jared Diamond's famous essay "The Worst Mistake in the History of the Human Race," *Discover*, May 1987, http://discovermagazine.com/1987/may/02-the-worst-mistake-in-the-history-of-the-human-race.

6. 尼采对主人道德和奴隶道德的最初描述来自《善恶的彼岸》，他在《论道德的谱系》中进一步阐述了每种道德。《论道德的谱系》的第二篇是我第一次接触到本书第三章中"道德鸿沟"这一概念。尼采认为，我们每个人的道德都是基于负罪感。

7.　Haidt, *The Righteous Mind*, pp. 182–189.

8.　Richard Dawkins, *The Selfish Gene: 30th Anniversary Edition* (Oxford, UK: Oxford University Press, 2006), pp. 189–200.

9.　Pinker, *Enlightenment Now*, pp. 7–28.

10.　科学革命和哲学的启蒙思想不能混为一谈。科学革命早于启蒙运动，独立于后者的人本主义信念。这就是为什么我要强调指出，科学是人类历史上最好的事情，而不是西方的思想体系。

11.　*The World Economy: A Millennial Perspective*, Organisation for Economic Cooperation and Development (OECD), 2006, p. 30.

12.　有证据表明，自然灾害发生后，人们立即变得更加虔诚。参见：Jeanet Sinding Bentzen, "Acts of God? Religiosity and Natural Disasters Across Subnational World Districts," University of Copenhagen Department of Economics Discussion Paper No. 15-06, 2015, http://web.econ.ku.dk/bentzen/ActsofGodBentzen.pdf。

13.　出自尼采的著作《瞧，这个人》。

14.　潘多拉魔盒的神话来自古希腊诗人赫西俄德的作品《工作与时日》。

15.　有关古代世界里婚姻的可怕真相，请参见：Stephanie Coontz, *Marriage, a History: How Love Conquered Marriage* (New York: Penguin Books, 2006), pp. 70–86。

16.　显然，赫西俄德在表达"希望"时使用的希腊语词也可以翻译成"欺骗性的期望"。基于此，这个神话一直有一个不太流行的悲观版本，请参见：Franco Montanari, Antonios Rengakos, and Christos Tsagalis, *Brill's Companion to Hesiod* (Leiden, Netherlands: Brill Publishers, 2009), p. 77。

17.　出自尼采的著作《瞧，这个人》。

18.　出自尼采的著作《快乐的科学》。

19.　根据梅塔·冯·萨利斯的说法，有关席尔瓦普拉纳湖畔奶牛的这段"热情而漫长的"对话确实发生过。这可能是尼采一次早期的精神病发作，他的病症也在这段时间浮出水面。参见：Young, *Friedrich Nietzsche*, p. 432。

20.　出自尼采的著作《查拉图斯特拉如是说》，"通向更远大目标的序曲"是我自己的演绎。

1. M. Currey, *Daily Routines: How Artists Work* (New York: Alfred A. Knopf, 2013), pp. 81–82.

2. Immanuel Kant, *The Metaphysics of Morals,* ed. Lara Denis, trans. Mary Gregor (1797; repr. Cambridge, UK: Cambridge University Press. 2017), p. 34.

3. 康德在 1795 年的论文《永久和平论》中提出了建立一个世界管理机构的设想。参见：Immanuel Kant, *Perpetual Peace and Other Essays,* trans. Ted Humphrey (1795; repr. Indianapolis, IN: Hackett Publishing Company, 1983), pp. 107–144。

4. S. Palmquist, "The Kantian Grounding of Einstein's Worldview: (I) The Early Influence of Kant's System of Perspectives," *Polish Journal of Philosophy* 4, no. 1 (2010): 45–64.

5. 当然，他提出的是假设性的建议。他说，如果动物有意识或理性，则应赋予它们与人类相同的权利。他不相信动物有意识或者理性，但如今强有力的论据证明它们确实有。有关此内容的讨论，请参见：Christine M. Korsgaard, "A Kantian Case for Animal Rights," in *Animal Law: Developments and Perspectives in the 21st Century,* ed. Margot Michael, Daniela Kühne, and Julia Hänni (Zurich: Dike Verlag, 2012), pp. 3–27。

6. Hannah Ginsborg, "Kant's Aesthetics and Teleology," *The Stanford Encyclopedia of Philosophy*, ed. Edward N. Zalta, 2014, https://plato.stanford.edu/archives/fall2014/entries/kant-aesthetics.

7. 这场争论是"理性主义者"和"经验主义者"之间的争执，而这本书是康德最著名的著作《纯粹理性批判》。

8. 康德想要仅凭理性就建立一个完整的道德体系。他试图跨越感性大脑的价值观和理性大脑的逻辑与事实之间的鸿沟。由于康德系统中存在许多缺陷，因此我不会在这里讨论康德思想的复杂性。在本章中，我仅摘录了我认为康德思想中最有用的原理和结论：人性公式。

9. 如果你是一位敏锐的读者，那么你将在这里找到一个细微的矛盾。康德试图建立一种价值体系，这种价值体系不属于感性大脑的主观判断范围。然而，仅凭理性建立价值体系的愿望本身就是感性大脑做出的主观判断。换句话说，你是否可以说康德建立超越宗教界限的价值体系这个愿望本身就是宗教？这是尼采对康德的批评。尼采非常讨厌康德，他说康德是个笑话，其道德体系是荒谬的，而康德认为自己超越了基于信念的主观性，往好里说是幼稚，往坏里说就是自恋。具有哲学背景的读者会感到奇怪，为什么这本书如此依赖这两个人的思想？我并不认为这有什么问题。我认为他们两人各自弄明白了一些对方错过的事情。尼采说得很对，所有人类信仰本质上都被我们自己的观点所囚禁，因此它们都是基于信念的。康德说得很对，由于某些价值体系有被更广泛接受的潜力，因此它们产生的结果要比其他价值体系更好和更合理。因此，从技术上讲，康德的道德体系是一种基于信念的宗教。科学意味着对拥有最多证据的事物产生信念，从而建立起最优的信仰体系。我认为，康德以同样的方式偶然发现了创造价值体系的最佳基础。这个基础就是，人应该最尊崇能够感受到价值的东西，即我们的意识。

10. 可以用多种方式解释这一说法。第一种解释是康德设法超越了感性大脑价值判断的主观空间，从而创建了一个普遍适用的价值体系。两百五十年后的哲学家仍在争论他是否做到了这一点，多数人说他没有做到。我的看法请参见本章的注释9。第二种解释是康德迎来了一个没有超自然道德观的时代，即道德可以在精神宗教之外被推断出来。这是绝对正确的。康德至今仍继续存在的、通过科学追求道德哲学的做法奠定了基础。第三种解释是，我只是在夸奖康德，好让读者对这一章保持兴趣。

11. 我将在本章中以康德从未亲自使用过的方式来使用他的思想。本章是康德伦理学、发展心理学和美德理论这三者的一种结合。

12. 本章中的发展框架源自让·皮亚杰、劳伦斯·科尔伯格、罗伯特·凯根、埃里克·埃里克森、索伦·基尔凯郭尔等人的思想，并做了简化。

　　我对儿童期的定义映射了罗伯特·凯根的阶段1和阶段2（魔幻心智和以我为尊），我对青少年期的定义映射了他的阶段3和阶段4（规范主导和自主导向），而我的成年期定义则映射了他的阶段5（内观自变）。有关凯根的更多信息，请参见：R. Kegan, *The Evolving Self: Problem and Process in Human Development* (Cambridge, MA: Harvard University Press, 1982)。

　　我对儿童期的定义也对应了劳伦斯·科尔伯格的前常规道德（愉快—痛苦定向和代价—收益定向），我的青少年期定义对应了他的常规道德（好孩子定向和法律与规则定向），而我的成年期定义则对应了他的有原则的道德（社会契约定向和普遍的伦理原则定向）。有关科尔伯格的更多信息，请参见：L. Kohlberg, "Stages of Moral Development," *Moral Education* 1, no. 51 (1971): 23–92。

　　我对儿童的定义还对应了让·皮亚杰的感知运动阶段和前运算阶段，青少年期的定义对应了他的具体运算阶段，成年期的定义则大致对应了他的形式运算阶段。有关皮亚杰的更多信息，请参见：J. Piaget, "Piaget's Theory," *Piaget and His School* (Berlin and Heidelberg: Springer, 1976), pp. 11–23。

13. 规则和角色的发展发生在皮亚杰的具体运算阶段和凯根的规范主导阶段，见注释12。

14. Kegan, *The Evolving Self,* pp. 133–160.

15. 儿童直到三至五岁才发展出所谓的"心智理论"。如果一个人能够理解其他人具有独立的、有意识的思想和行为，那就可以说这人拥有心智。同理心和大多数社交互动都需要心智，这就是你了解他人观点和思维过程的方式。发展心智时有困难的儿童可能患有自闭症、精神分裂症、多动症或其他一些疾病。参见：B. Korkmaz, "Theory of Mind and Neurodevelopmental Disorders in Childhood," *Pediatric Research* 69 (2011): 101R–8R。

16.　哲学家肯·威尔伯用一句话来形容这种心理发展过程。他说，后续的发展阶段"超越并包括"之前的阶段。因此，青少年仍然具有基于愉悦和痛苦的价值观，只是基于规则和角色的较高价值观取代了较低的幼稚价值观。成年人也喜欢冰激凌，但能够优先考虑诚实或谨慎等较高的抽象价值观，而不是对冰激凌的热爱。参见：K. Wilber, *Sex, Ecology, Spirituality: The Spirit of Evolution* (Boston, MA: Shambhala, 2000), pp. 59–61。

17.　想想第三章中情感牛顿的第二定律和第三定律，更稳定的身份使我们在逆境中更加稳定。儿童的情绪波动很大，原因之一是他们对自己的了解脆弱而肤浅，意外或痛苦对他们的影响会更大。

18.　青少年十分看重同龄人对自己的看法，因为他们正在根据社会规则和角色来拼凑自己的身份。参见：Erikson, *Childhood and Society*, pp. 260–266; and Kegan, *The Evolving Self*, pp. 184–220。

19.　在这里，我将康德的道德体系与发展理论相融合。劳伦斯·科尔伯格的道德发展理论中的第二至第四阶段代表了将人视为手段而不是目的。

20.　这里将劳伦斯·科尔伯格的第五和第六阶段与康德的"自在之物"相融合。

21.　根据劳伦斯·科尔伯格的道德发展模型，到三十六岁，有89%的人已经达到了道德的青少年期，只有13%的人达到了成人期。参见：L. Kohlberg, *The Measurement of Moral Judgment* (Cambridge, MA: Cambridge University Press, 1987)。

22.　青少年不仅与其他人讨价还价，还以类似的方式与未来或过去讨价还价。哲学家德里克·帕菲特在《理性与人》中提出了这样一个想法，即我们的未来和过去是独立于我们现在的感知。

23.　自尊来自实现自己价值观的程度（或我们强化关于自己身份的小故事的程度）。成年人根据抽象的原则（美德）发展价值观，并通过坚持这些原则来获得自尊。

24.　我们每个人都需要恰到好处的痛苦才能成熟。太多的痛苦会伤害我们，让感性大脑对世界产生不切实际的恐惧，阻止进一步的成长或经历。如果痛苦太少了，我们就会自恋，会错误地认为世界可以围绕着我们的欲望而旋转。
　　如果能正确地接受痛苦，我们就会明白，当前的价值观正在使自己失败，而自己有力量和能力超越当下，创造出更新、更高层次的价值观。我们会知道，应该对所有人（而不仅是朋友）抱有同情心，应该在任何情况下（而不仅是在对自己有利的时候）保持诚实。

25.　　在第三章中，我们了解到虐待和创伤会导致自卑、自恋和自欺欺人，从而限制我们发展更高层次的、抽象价值观的能力。其原因在于，这种情况下失败的痛苦会过于强烈并持续不断，孩子必须花大量的时间和精力来逃避它。不过，成长是需要痛苦的，我们将在第七章中讨论这一问题。

26.　　J. Haidt and G. Lukianoff, *The Coddling of the American Mind: How Good Intentions and Bad Ideas Are Setting Up a Generation for Failure* (New York: Penguin Press, 2018), pp. 150–165.

27.　　F. Fukuyama, *Trust: The Social Virtues and the Creation of Prosperity* (New York: Free Press Books, 1995), pp. 43–48.

28.　　这种现象的一个典型案例是所谓的"把妹达人"（PUA）。这是一群被社会孤立、无法适应的男性，他们聚集在一起研究社会行为，以期受到女性的喜爱。其实他们都是幼稚的青少年期男人，虽然希望获得成人间的关系，但用错了方法，因为任何对社会行为的功利性学习或实践都不能帮他们得到非交易性的、无条件的恋爱。

29.　　另一种方式是允许孩子经历痛苦，因为面对痛苦能让孩子认识到真正重要的事情，获得更高的价值和更好的成长。

30.　　Kant, *Groundwork of the Metaphysics of Morals*, pp. 9–20.

31.　　Kant, *Groundwork of the Metaphysics of Morals*, pp. 40–42.

32.　　这是三者汇聚到一起的地方。人性公式是诚实、谦卑、勇敢等美德的基本原则，这些美德定义了道德发展的最高阶段（科尔伯格的第六阶段，凯根的第五阶段）。

33.　　这里的关键字是"仅仅"。康德承认，永远不将任何人作为手段是不可能的。如果你无条件地对待所有人，那么你将被迫有条件地对待自己，反之亦然。我们对自己和他人采取的行动是多层次的。我可以同时将你视为一种手段和目的，也许我们正在为同一个项目工作，所以我鼓励你延长工作时间，因为我认为这既会对你有所帮助，也将对我有所帮助。在康德的书中，这没什么问题。只有当我纯粹出于自私的原因来操纵你时，我才会成为不道德的人。

1.　　本章所描述的研究是大卫·勒法尼等人进行的。参见："Prevalence-Induced Concept Change in Human Judgment," *Science*, June 29, 2018, pp. 1465–1467。

2.　　"普及率导致的概念改变"衡量了在特定的情况下某件事的普及率是如何改变了人们的感知。我将在本章中使用"蓝点效应"来描述更广泛的现象，即所有基于期望而造成的感知变化，而不仅仅是因为普及率而造成的变化。

3.　　Haidt and Lukianoff, *The Coddling of the American Mind*, pp. 23–24.

4.　　Emile Durkheim, *The Rules of Sociological Method and Selected Texts on Sociology and Its Method* (New York: Free Press, 1982), p. 100.

5.　　Hara Estroff Marano, "A Nation of Wimps," *Psychology Today*, November 1, 2004, https://www.psychologytoday.com/us/articles/200411/nation-wimps.

6.　　P. D. Brickman and D. T. Campbell, "Hedonic Relativism and Planning the Good Society," in M. H. Appley, ed. *Adaptation Level Theory: A Symposium* (New York: Academic Press, 1971).

7.　　最近几年的研究发现，重大创伤性事件（例如孩子的死亡）可以永久改变一个人的默认幸福感。但是在大多数情况下，幸福感的基本值是恒定的。参见：B. Headey, "The Set Point Theory of Well-Being Has Serious Flaws: On the Eve of a Scientific Revolution?" *Social Indicators Research* 97, no. 1 (2010): 7–21。

8.　　哈佛大学心理学家丹尼尔·吉尔伯特将其称为我们的"心理免疫系统"：无论什么样的事情发生，我们的情绪、记忆和信念都会适应这些事，并改变自己，使我们在大部分时候（但不是全部）都感到幸福。参见：D. Gilbert, *Stumbling on Happiness* (New York: Alfred A. Knopf, 2006), pp. 174–177。

9.　　实际上，这段经历与蓝点效应不同，它是一种疼痛的习惯化，但是二者有相似的效果：体验没有改变，但是对体验的看法却根据自身的期望而改变。在本章中，我本质上是将蓝点效应作为一种比喻，来解释另一个更普遍存在的心理现象：人的感知能够适应自身预设的情绪倾向和期望。

10.　　J. S. Mill, *Utilitarianism* (1863).

11.　　P. Brickman, D. Coates, and R. Janoff-Bulman, "Lottery Winners and Accident Victims: Is Happiness Relative?" *Journal of Personality and Social Psychology* 36, no. 8 (1978): 917–927.

12.　A. Schopenhauer, *Essays and Aphorisms*, trans. R. J. Hollingdale (New York: Penguin Classics, 1970), p. 41.

13.　David Halberstam, *The Making of a Quagmire* (New York: Random House, 1965), p. 211.

14.　本书第二章探讨了经典假设。在经典假设下，理性大脑试图压制感性大脑而不是与之保持一致，这是不可能做到的。
　　　你可以用类似的理论来理解对脆弱性的克服，即通过与感性大脑保持一致的方式来参与痛苦。你可以通过意志和意识，驾驭感性大脑的冲动并将其转化为某种富有成效的行动。毫无疑问，科学证明了冥想可以帮助保持注意力和强化自我意识，减轻压力，减少成瘾症和焦虑的发生。冥想本质上是管理生活中痛苦的一种做法。参见：Matthew Thorpe, "12 Science-Based Benefits of Meditation." *Healthline,* July 15, 2017, https://www.healthline.com/nutrition/12-benefits-of-meditation。

15.　N. N. Taleb, *Antifragile: Things That Gain from Disorder* (New York: Random House, 2011).

16.　我是忠实的冥想拥护者，但我似乎永远无法让自己坐下来并进行冥想。有位很善于冥想的朋友对我说，当挣扎着想让自己进入冥想状态时，就先确定一个不难达成的时长目标。大多数人会先尝试冥想十至十五分钟。如果这有点难，就先让自己坚持五分钟。如果还是很难，那就减少到三分钟。如果还是做不到，那就坚持一分钟，谁都可以做到冥想一分钟。也就是说，一直降低与感性大脑达成的协议中约定的分钟数，直至不再感到恐惧为止。这是理性大脑与感性大脑谈判的过程，只有让它们达成一致，才能做出有成效的事情。顺便说一下，这个办法在很多情况下都很管用，比如锻炼身体、看书、打扫房间、写书，只要降低期望，直至不再感到恐惧即可。

17.　Ray Kurzweil, *The Singularity Is Near: When Humans Transcend Biology* (New York: Penguin Books, 2006).

18.　有观点认为，身体健康和安全方面的进步足以弥补焦虑和压力的增加，人在成年后由于责任加重，需要承担更高程度的焦虑和压力。这可能是对的，但并不意味着焦虑和压力就不是严重的问题了。参见：Pinker, *Enlightenment Now*, pp. 288–289。

第八章 别让感官骗了你 —————————————————

1. 本章中爱德华·伯尼斯的故事来自亚当·柯蒂斯导演的纪录片《探求自我的世纪》，2002 年由 BBC 制作。

2. 在弗洛伊德的概念中，这实际上就是自我——关于自己的有意识的故事，以及为维护这些故事而进行的战斗。在心理学中，强烈的自我意识是健康的表现，它使你坚韧又自信。

3. 20 世纪 30 年代，弗洛伊德破产了，住在瑞士，担心纳粹；而伯尼斯不仅在美国出版了关于弗洛伊德思想的作品，还在主流媒体上撰写相关的文章，使弗洛伊德的理论广为流行。如今，弗洛伊德之所以成为家喻户晓的名字，很大程度上是由于伯尼斯的营销策略，巧合的是，这些策略都是基于他的理论制订的。

4. A. T. Jebb et. al., "Happiness, Income Satiation and Turning Points Around the World," *Nature Human Behaviour* 2, no. 1 (2018): 33.

5. M. McMillen, "Richer Countries Have Higher Depression Rates," WebMD, July 26, 2011, https://www.webmd.com/depression/news/20110726/richer-countries-have-higher-depression-rates.

6. 我在这里说的"商业时代"是指后工业时代，即商业开始生产非生活必需品的时代，我认为这与罗恩·戴维森所说的"第三经济"相似。参见：R. Davison, *The Fourth Economy: Inventing Western Civilization,* self-published ebook, 2011。

7. 这种监视很好地说明了一家科技公司仅仅将其客户视为手段而非目的。就算客户同意被收集相关数据，这也不意味着他们完全了解或意识到将会发生的一切，所以仍会有一种不曾同意过的感觉。正是这种感觉使客户认为自己不受尊重，仅仅被视为一种手段，也是他们感到沮丧的原因。参见：K. Tiffany, "The Perennial Debate About Whether Your Phone Is Secretly Listening to You, Explained," *Vox*, Dec 28, 2018, https://www.vox.com/the-goods/2018/12/28/18158968/facebook-micro phone-tapping-recording-instagram-ads。

8. Barry Schwartz, *The Paradox of Choice: Why More is Less* (New York: HarperCollins Ecco, 2004).

9. Robert Putnam, *Bowling Alone: The Collapse and Revival of American Community* (New York: Simon and Schuster, 2001).

10. F. Sarracino, "Social Capital and Subjective Well-being Trends: Comparing 11 Western European Countries," *Journal of Socio-Economics* 39 (2010): 482–517.

11. Putnam, *Bowling Alone*, pp. 134–143.

12. Ibid., pp. 189–246.

13. Ibid., pp. 402–414.

14. Alfred N. Whitehead, *Process and Reality: Corrected Edition*, ed. David Ray Griffin and Donald W. Sherburne (New York: The Free Press, 1978), p. 39.

15. Plato, *Phaedrus,* 253d.

16. Plato, *The Republic,* 427e and 435b.

17. 柏拉图的"形式理论"出现在许多地方，但最著名的例子是他的洞穴比喻，出现在他的著作《理想国》中。

18. 值得注意的是，古代对于民主的定义与现代不同。在远古时代，民主意味着所有人对一切都进行投票，几乎没有代表人。我们今天所说的民主从技术上讲是一个共和国，因为我们选举产生了做出决定和制定政策的代表。

19. Plato, *The Republic,* 564a–566a.

20. Ibid., 566d–569c.

第九章 打赢未来的对手

1. 1950 年，计算机科学之父艾伦·图灵写出了第一个国际象棋算法。

2. 事实证明，将感性大脑的功能编程到计算机中是非常困难的，而计算机的理性大脑功能早已超过了人类。因为人的感性大脑使用整个神经网络进行操作，而理性大脑只是在进行原始计算。对人工智能的发展而言，这是一个有趣的课题。就像我们一直苦苦挣扎着试图理解自己的感性大脑一样，我们也努力试图在计算机中创建它。

3. 卡斯帕罗夫初次落败之后，仍然和国际象棋特级大师弗拉基米尔·克拉姆尼克等人与许多顶尖的国际象棋程序进行过较量，并逼平对手。但是到 2005 年，国际象棋程序 Fritz、Hydra 和 Junior 在比赛中把最顶尖的人类大师打得丢盔弃甲，有时象棋程序甚至获得全胜。到 2007 年，人类国际象棋大师在占据出子优势、兵型结构优势等诸多便利条件的情况下，仍然输掉比赛。到 2009 年，没有人类棋手再试图与计算机较量，因为这是没有意义的。

4. Michael Klein, "Google's AlphaZero Destroys Stockfish in 100-game Match,"Chess. com, December 7, 2017, https://www.chess.com/news/view/google-s-alphazero-destroys-stockfish-in-100-game-match.

5. K. Beck, "A Bot Wrote a New Harry Potter Chapter and It's Delightfully Hilarious," *Mashable,* December 17, 2017, https://mashable.com/2017/12/12/harry-potter-predictive-chapter.

6. J. Miley, "11 Times AI Beat Humans at Games, Art, Law, and Everything in Between," *Interesting Engineering*, March 12, 2018, https://interesting engineering. com/11-times-ai-beat-humans-at-games-art-law-and-everything-in-between.

7. D. Deutsch, *The Beginning of Infinity: Explanations that Transform the World* (New York: Penguin Books, 2011).

8. Haidt, *The Righteous Mind*, pp. 32–34.

9. 这种奇怪的情况实际上是相当严重的，并且在此书中得到了很好的说明：Nick Bostrom's *Superintelligence: Paths, Dangers, Strategies* (New York: Oxford University Press, 2014)。

果敢的活法

作者 _ [美] 马克·曼森著　译者 _ 刘文

产品经理 _ 谭思灏　　技术编辑 _ 白咏明　　监制 _ 木木
装帧设计 _ 张一一　　责任印制 _ 陈金　　出品人 _ 吴畏

果麦
www.guomai.cn

以 微 小 的 力 量 推 动 文 明

图书在版编目（CIP）数据

果敢的活法 /（美）马克·曼森著；刘文译. -- 石
家庄：花山文艺出版社，2022.4（2023.12重印）
ISBN 978-7-5511-6095-7

Ⅰ．①果… Ⅱ．①马… ②刘… Ⅲ．①心理学—通俗
读物 Ⅳ．①B84-49

中国版本图书馆CIP数据核字（2022）第034866号

EVERYTHING IS F*CKED:A BOOK ABOUT HOPE
Copyright © 2019 by Mark Manson.
Published by arrangement with Creative Artists Agency and Intercontinental Literary Agency
through The Grayhawk Agency.
Simplified Chinese translation copyright © 2022 by Guomai Culture & Media Co., Ltd.
All rights reserved.

冀图登字：03-2021-066号

书　　名：**果敢的活法**
　　　　　Guogan De Huofa
著　　者：[美] 马克·曼森
译　　者：刘文

责任编辑：梁东方　　王李子
责任校对：林艳辉
装帧设计：张一一
美术编辑：胡彤亮
出版发行：花山文艺出版社（邮政编码：050061）
　　　　　（河北省石家庄市友谊北大街330号）
销售热线：0311-88643221
传　　真：0311-88643234
印　　刷：天津丰富彩艺印刷有限公司
经　　销：新华书店
开　　本：880毫米×1230毫米　1 / 32
印　　张：7.5
字　　数：155千字
版　　次：2022年4月第1版
　　　　　2023年12月第2次印刷
书　　号：ISBN 978-7-5511-6095-7
定　　价：49.80元